Vol 1 FOIL STAMPING

嗨!印刷工艺:烫印

HI! PRINTING TECHNOLOGY → →

gaatii光体———— 编 著

重庆出版集团 重庆出版社

图书在版编目（CIP）数据

嗨！印刷工艺：烫印 / gaatii 光体编著 . -- 重庆：
重庆出版社 , 2022.8
ISBN 978-7-229-16964-0

Ⅰ.①嗨… Ⅱ.① g… Ⅲ.①烫印 Ⅳ.① TS853

中国版本图书馆 CIP 数据核字 (2022) 第 115322 号

嗨！印刷工艺：烫印

HAI！YINSHUA GONGYI：TANGYIN

gaatii 光体 编著

策　　划	夏 添 张 跃
责任编辑	张 跃
责任校对	刘小燕
策划总监	林诗健
编辑总监	柴靖君
设计总监	陈 挺
编　　辑	柴靖君 陈 挺
设　　计	陈 挺
销售总监	刘蓉蓉
邮　　箱	1774936173@qq.com
网　　址	www.gaatii.com

重庆出版集团
重庆 出 版 社 出版

重庆市南岸区南滨路 162 号 1 幢　邮政编码：400061　http://www.cqph.com
佛山市华禹彩印有限公司印制
重庆出版集团图书发行有限公司发行
E-MAIL:fxchu@cqph.com　邮购电话：023-61520678
全国新华书店经销

开本：787mm×1092mm　1/16　印张：10.5
2022 年 8 月第 1 版　2022 年 8 月第 1 次印刷
ISBN 978-7-229-16964-0
定价：268.00 元

如有印装质量问题，请向本集团图书发行有限公司调换：023-61520678

CONTENTS

目 录

本书附带教学视频、源文件等资料，并附赠众多烫印实样、纸样，请与本书搭配使用哦！

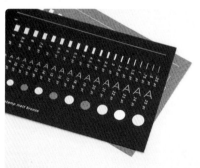

导 读

本书内容是围绕印刷工艺——烫印——展开讲解的，但其中会涉及部分常用的印刷知识，因此，在开篇对书中可能提到的印刷知识进行基本的讲解，以方便读者更好地理解书中内容。

四色印刷机

调制专色油墨

问题 ① 什么是四色印刷？

四色印刷即是用减色法三原色——青色 (C)、品红 (M)、黄色 (Y)、黑色 (K)——进行印刷，这是最常用的印刷方式。

问题 ② 什么是单黑？

单黑即：C0 M0 Y0 K100，使用单黑印刷的黑色不会受其他色彩的影响从而造成偏色。

问题 ③ 什么是专色印刷？

专色印刷是指采用青色、品红、黄色、黑色以外的其他色油墨来印刷的工艺。专色印刷拥有更鲜艳饱和与稳定的色彩，但成本较高，一般为局部使用，且需要配合相应的专色色卡。

问题 ④ 什么是涂布纸？

涂布纸 (coated paper) 可以简单理解为光面纸，是在原纸上涂上一层涂料，使纸张具有良好的光学质地及印刷性能。涂布纸拥有较强的色彩还原能力，缺点是可能会造成反光。常见的涂布纸有铜版纸、哑粉纸及超感纸等等。

问题 ⑤ 什么是非涂布纸？

非涂布纸 (uncoated paper) 与涂布纸相反，表面无光泽，可以简单理解为哑光纸。其特点是拥有舒适的手感、天然的纹理且不反光，适合阅读。缺点是吸墨量大，色彩还原上不如涂布纸优秀。

金色为击凸效果，灰色为击凹效果

模切撕拉条

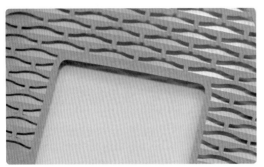

激光切割呈鱼鳞状

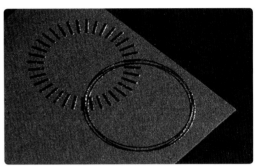

丝印 UV，表面有油墨堆积的凸起效果

问题 ⑥　什么是击凸？

击凸是一种常用的印刷工艺，其原理是通过压力使承印物呈现向上凸起的质感，原理与烫印类似，主要起到增加触感的作用。

问题 ⑦　什么是击凹？

击凹是一种常用的印刷工艺，其原理是通过压力使承印物呈现向下凹陷的质感，原理与烫印类似，也起到增加触感的作用。

问题 ⑧　什么是模切？

模切是一种常用的印刷工艺，其原理是通过刀版施加压力裁切承印物。模切可以用于切割特殊的形状，也可用于制作包装上常见的撕拉条。

问题 ⑨　什么是激光切割？

激光切割是利用高功率激光束照射承印物，并通过加热形成孔洞，随着光束的移动，形成连续的精度极高的形状切割。激光切割可以简单理解为更高精度的模切，常用于制作较为复杂的镂空结构。

问题 ⑩　什么是丝网印刷？

丝网印刷是指利用丝网作为版基，并通过感光制版方法，制成带有图文的丝网印版。印版中图文部分的网孔可透过油墨，非图文部分网孔不能透过油墨。丝网印刷主要用于印制非纸质类的承印物，也可用于堆叠较厚的油墨效果。

第一章

基础
印刷课堂

基础
印刷课堂
1

什么是烫印工艺?

入门烫印知识

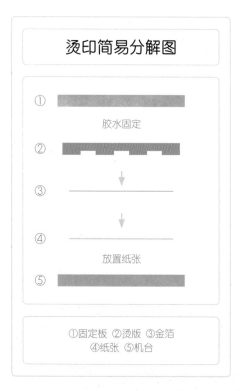

烫印简易分解图

① ▬▬▬▬▬▬▬

胶水固定

② ▬▬ ▬▬ ▬▬

③ ───────

↓

④ ───────

放置纸张

⑤ ▬▬▬▬▬▬▬

①固定板 ②烫版 ③金箔
④纸张 ⑤机台

问题 ① 什么是烫印?

烫印,俗称烫金。是一种常用的印刷工艺,其原理是利用温度与压力转印"金箔"进行加工。

问题 ② 烫印的原理是什么?

烫印机通过加温加压,让金箔以设计的图案转印到承印物上(比如纸张)。

问题 ③ 烫印的效果是什么样的?

烫印可以通过选择不同颜色、质感的"金箔"作为材料,以达到印刷没有的金属光泽,提升产品的档次和质感。

金箔的专业学名是电化铝,是最常用的烫印材料,有丰富多样的颜色与高亮/哑光的质感可供选择。

工人正在进行烫印制作

烫印金箔与烫金效果

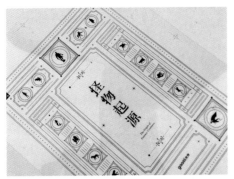

烫版菲林：一张透明PVC，用于套位对准

垫板：在机台下方垫入纸板，并利用胶纸粘贴烫不实的地方，从而调整烫印效果

问题 4　　烫印的流程是怎样的？

烫印的流程一般为：出烫版菲林 → 制作烫版 → 装版 → 垫板 → 设定参数 → 试烫 → 签样 → 正式烫印

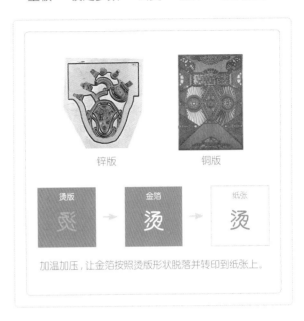

锌版　　　　　　铜版

烫版　　金箔　　纸张

加温加压，让金箔按照烫版形状脱落并转印到纸张上。

扫码下载视频
提取码：6iqg

* 其他下载方式
见本书最后一页

烫印机简易工作原理图

金箔
固定板
烫版
放置纸张
机台

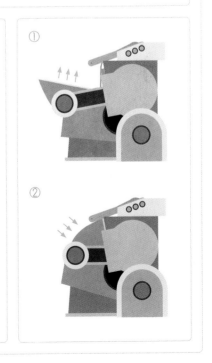

①

②

烫印有哪些类型？

常见的烫印类型

烫印类型示意图

热烫　　　　冷烫

立体烫

烫印机实物图

热烫机（热烫 + 立体烫）

冷烫机

根据承印物不同，所需效果不同，可以通过选择不同的烫印种类来实现相应的烫印目标。下面将通过文本、示意图的介绍，并结合烫印实样来进行讲解，各位读者可以通过实样的编码一一对应讲解的内容。

类型 ①　热烫

热烫是国内普遍使用的烫印技术，烫印效果好、应用范围广、价格适中，还可以结合击凹凸技术进行立体烫印呈现浮雕效果，是国内设计应用最常见的烫印工艺。前文所述烫印原理、材料与流程均是围绕热烫展开。

类型 ②　冷烫

冷烫是指利用 UV 胶黏剂将烫印箔转移到承印材料上的方法。先在承印物表面涂胶，再覆盖专用冷烫膜并迅速脱离底膜，整个冷烫过程就完成了。冷烫的触感是平滑的，不像热烫有明显的凹凸手感。在某些承印材料方面冷烫印会有更好的表现。但冷烫的缺点是烫印表面会产生漫反射，影响烫印图文的色彩和光泽度。

类型 ③　立体烫

烫印和击凹凸技术都是常见的印后工艺，而两者的结合，则成为一种新的工艺技术——立体烫。立体烫就是将烫印和击凹凸的模版，合在一起制作成上下咬合的阴阳模，从而实现烫印和击凹凸工艺一次完成。这种工艺便称为"立体烫"，同时完成两道工序，减少了工艺流程，提高了效率。

烫印类型对比表

热烫	烫版	质感	加温加压	成本
	锌版/铜版	轻微下凹	需要	价格随烫版材质、面积变化

可以根据设计的精细程度来决定使用锌版或者铜版，锌版价格上更有优势，铜版则具有良好的精度与耐用性。热烫有丰富的烫印金箔可选，比如不同的颜色、亮面、哑光和一些特殊的质感（如镭射、万花筒等）。同时，热烫还可以不放金箔进行热（素）烫，结合一些特殊的纸张（如彩洛纸、烫透纸），产生烫印内容颜色变深、变透明、变凹的效果。热烫相比冷烫，可以通过施加压力在承印物表面留下凹痕，增加立体感。同时，还可以结合击凸，制作二次成型的立体烫。

作品示例：Macabeu 卡瓦 - 起泡酒 | 设计机构：Atipus

冷烫	烫版	质感	加温加压	成本
	不需要	平滑	不需要	较低

无须制作烫版，烫印周期短、成本较低。冷烫可以避免某些对温度敏感的承印物烫糊烫焦的问题，同时也适合既要有烫印金属质感又需要保持承印物表面平整的情况（如扑克烫印）。冷烫通常需要覆膜或上光进行二次加工保护。

作品示例：Truu Nutrition | 设计机构：Human

立体烫	烫版	质感	加温加压	成本
	铜/锌版或阴阳模具	凹凸立体	需要	较高

相比于热烫 + 击凸二次成型制作立体烫的做法，通过阴阳模具一次成型的效率更高，但是相应的模具费用也会增加。立体烫的主要作用是制造印刷物的起伏感，增加画面的立体感与触感。

作品示例：Iron Clays 扑克牌大师收藏系列 | 设计机构：Chad Michael Studio

烫印有哪些技法？

常用的烫印技法

烫印技法示意图

正烫：直接将图形、文字烫印在承印物上，这是最基础的烫印技法。

反烫：利用正负形关系，以烫金勾勒线条，纸张颜色衬托主体。

篆铭烫：通过套位的方式，让烫印图形与印刷图形之间产生联系。

多重烫：烫印两种或两种以上颜色的金箔。右侧实物图的烫红为直接在烫金上进行叠烫。

在了解了以上 3 种常用的烫印类型后，下面来学习 4 种常见的烫印技法吧！

技法 ① 正烫

正烫也叫平烫，即直接将图文内容进行烫印。这是最常用的烫印方式，既突出了烫印元素的金属质感，同时相比反烫和多重烫等形式又能减少工艺制作的难度。

技法 ② 反烫

反烫与正烫相反，可以理解为镂空，即元素留白，背景烫印，形成更大的烫印面积。一般只适用于表面平滑有涂层的纸张，不然不建议使用反烫方式，以免影响图形清晰程度。因此，反烫要格外注意纸张的纹路与烫印面积的把握。

技法 ③ 篆铭烫

篆铭烫是烫印与印刷的巧妙结合，其原理是先印刷图形，再通过烫印将金箔与印刷的图形套位，工艺制作过程对位置套准有很高的要求。

技法 ④ 多重烫

多重烫是指在同一画面／局部烫印两种或两种以上不同颜色的金箔。多重烫除了套位烫印两种颜色之外，还可以进行叠烫（即在金箔上再烫一层），此种做法除了需要注意烫印的位置套准之外，还需要注意金箔之间的兼容性，防止出现附着不牢的现象。

基础
印刷课堂

4

设计师印前须知的知识点

烫印的黄金准则

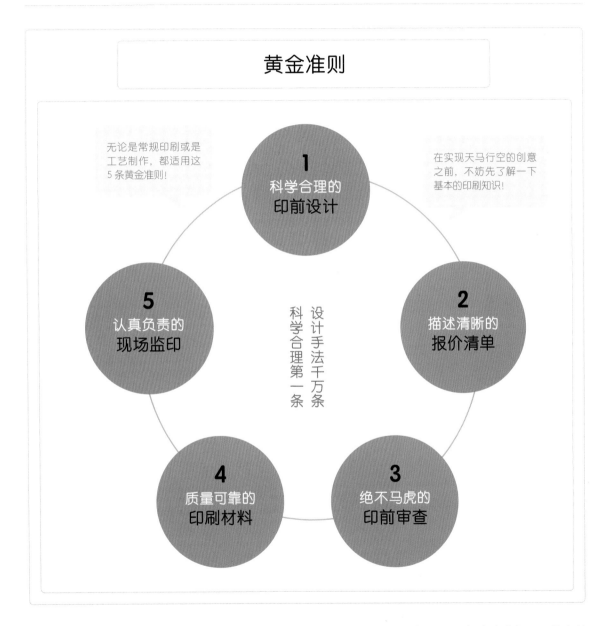

黄金准则

无论是常规印刷或是
工艺制作，都适用这
5 条黄金准则！

在实现天马行空的创意
之前，不妨先了解一下
基本的印刷知识！

1
科学合理的
印前设计

5
认真负责的
现场监印

设计手法千万条
科学合理第一条

2
描述清晰的
报价清单

4
质量可靠的
印刷材料

3
绝不马虎的
印前审查

印刷是一门复杂的学科，设计师无法掌握每个细节，但是学习基本的印前知识，了解生产的极限、做出科学合理的印前文件，是一名合格的设计师所必须掌握的技能。在基础印刷课堂 4 中，我们将依照上述的五大准则展开讲解，从电脑端的印前文件制作，到书写报价单，最后到现场监印的干货经验，全方位带你掌握烫印这一印刷工艺。

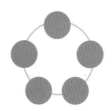

黄金准则 ①：
科学合理的印前设计

1：字体

烫印往往用于强调画面的重点，如产品的名称、书籍的标题等。因此,烫印的文字需要格外注意字体、字号、字重的选择。

知识点 ①　字号

烫印文字的字号建议 ≥ 6pt，过小的细节不利于阅读且难以烫印。左图 4pt 的 "A" 哪怕是印刷都难以分辨细节。

知识点 ②　字型

如烫印文字的字型结构复杂，则需要留意字空间的关系,如左图中细体的 "鹰" 相比粗体的 "鹰" 更适合烫印。

知识点 ③　主动加粗

相比于正烫，反烫的制作难度更大，可以通过适当加粗文字来保证清晰的烫印效果。

烫印文字示意图

字号为 4pt　　字号为 18pt

字型为细体　　字型为粗体

未加粗效果　　加粗效果

Tips：向印厂交付印刷文件时,烫印的文字建议进行 "转曲"(ctrl + shfit + o)，将文字变为不可编辑的矢量图形，以避免因字体缺失导致的印刷问题。同时，在转曲前请先备份一份可编辑文字的未转曲版本，以方便后期修改与备份。

文字烫印效果

线条参考示意图

0.25 pt 实线
0.5 pt 实线
0.75 pt 实线
1pt 实线
2 pt 实线

不同粗细度实线效果

0.25 pt 虚线
0.5 pt 虚线
0.75 pt 虚线
1pt 虚线
2 pt 虚线

不同粗细度虚线效果

0.25 pt 点线
0.5 pt 点线
0.75 pt 点线
1pt 点线
2 pt 点线

不同粗细度点线效果

0.25 pt 实线
0.5 pt 实线
0.75 pt 实线
1pt 实线
2 pt 实线

不同粗细度反白实线效果

上图为不同粗细线条的印刷效果参考，烫印参考详见盒中附赠的实样。

2：线条

烫印的线条粗细需要特别注意，过细的线条在烫印时可能出现断裂、缺漏的情况。

知识点 ① 正烫实线

线条正烫时，建议线条的描边粗细 ≥ 0.5pt，以保证烫印的细节能够完整地呈现。

知识点 ② 正烫虚线、点线

线条正烫时，虽然实线与点线的描边均为 0.5pt，但虚 / 点线的实际效果更细，因此，选择烫印点线时，描边需适当加粗以保证细节完整呈现。

知识点 ③ 反烫实线

线条的反烫也经常运用于实际的案例之中，如左图"不同粗细度反白实线效果"所示，0.5pt 的实线在反烫中的效果不如正烫清晰，因此，线条反烫时可以适当加粗来保证烫印的细节。

知识点 ④ 控制压力

除了前期设计的考量，在实际烫印的过程中也需要时刻关注烫印的压力呈现的效果。如果烫印的压力过大，会导致最终烫印的线条变粗变糙。

线条烫印效果

烫印面积示意图

原稿 | 方法1

方法1：通过缩小烫印面积，实现制作成本与制作难度的下降。

原稿 | 方法2

方法2：通过分散圆形的排布，减少单一图形的烫印面积。

原稿 | 方法3

方法3：将实底圆形转换为同心圆描边图形，能有效降低烫印风险。

原稿 | 方法4

方法4：将实底圆形分割为4个独立的图形，也能有效降低烫印风险。

3：面积

烫印的面积与生产的成本、难度息息相关，合理把控烫印的面积既能节省成本，又能更加安全地完成生产。

知识点 ①　把控整体烫印面积

烫印的成本由烫印的面积决定：面积越大，成本越高。且由于烫印面积增大，加工难度也随之增大，常规使用的锌版需要升级为精度、硬度更高的铜版，成本又进一步攀升。因此，缩小烫印面积是节省成本与保障安全最简单的方法，如方法1，将烫金边框去除，文字改为印刷单黑，并缩小圆形烫印面积。

知识点 ②　关注局部烫印面积

局部大面积实底烫印时应注意承印物对金箔的附着兼容性，且烫版最好选择铜版，这是因为大面积实底烫印容易出现转印时金箔破损、粘黏等问题。如果预算吃紧或不希望更换承印物，可以尝试方法2的做法：通过分散圆形的排布，增加画面丰富度的同时减少了单一图形的烫印面积，从而降低了生产风险。

知识点 ③　局部大面积烫印的其他技巧

如果必须做大面积实底烫印，除了制作铜版烫版，还可以在设计上通过掏空、分割图形等方式来进行泄力，以降低烫印的风险。如方法3与方法4：将实底圆形转换为描边的同心圆，或分割为4个1/4圆，这些都是降低风险的有效方法。

大面积实底烫印有较高的制作难度

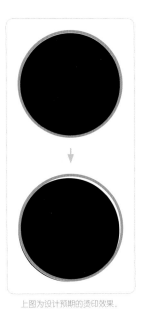

上图为设计预期的烫印效果，
下图为实际烫印可能出现的偏差，
这是大批量生产无法避免的情况。

方法 1

方法 2

4：套位

在烫印中，将图形按照设计的目标位置准确烫印，这个步骤称为套位（套准）。

知识点 ① 　　**生产误差**

烫印是通过加温、加压，利用烫版将金箔剥落并附着在承印物上的加工过程。因此，在烫印时烫版、金箔、承印物均会受到温度和压力的影响，发生轻微形变，从而产生不可控的错位，且这种错位很难通过机器的调试完全消去。所以，在设计时应该避免特别复杂的图形套位，同时也要减少画面中多处的精准套位（否则生产过程中会出现永远只能套准其中一边的情况）。

知识点 ② 　　**预留套准位置**

在制作篆铭烫、多重烫等需要套位的印刷文件时，应当将需要套位的图形适当做大，以确保烫印时不会露白。如方法 1，将图形做大至蓝色虚线的大小，让金箔踩在蓝色虚线上，以保证套位准确。

知识点 ③ 　　**主动设置容差**

让烫印图形与套位图形保持一定距离是另一种做法。在保持设计美感的同时，合理设置一小段容差距离，这样即便烫印时产生轻微偏移，成品也不会太过明显。如方法 2 将烫印圆环与黑色圆形设置容差，通过距离来消减偏移带来的视觉感受。

生产过程中无法避免的轻微偏移

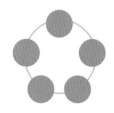

黄金准则 ②：
描述清晰的报价清单

P19 报价单注解

扫码下载模板
提取码：vk5n

❶ 报价时用纸要注明使用了哪家纸行哪款型号的纸张、它的克重以及颜色，等等。如选用的是大宗纸（铜版纸、哑粉纸、双胶纸等），此类纸张印刷厂一般有备货或有长期合作的供应商，如无特殊要求可以不填写纸行名称。

❷ 烫金要注明使用的型号，如手头暂无印厂的烫金样本，可以先写明烫印的大致颜色（如烫哑金），后期到厂后再挑选具体的型号（如 A01号哑金）。出铜版表示需要制作高精度的烫版。

❸ 4+4C，其中 C=Color，代表颜色，意为双面印刷四色，同理，4+0C表示正面印刷四色，背面不印色。5+0C 则代表正面印刷四色 +1 个专色，背面不印色，以此类推。

> Tips：报价时最好附上设计的效果图，这样能更好地帮助业务员理解项目需求。

在完成印前设计后，印前的沟通与报价也格外重要。一份简洁清晰的报价清单能让印刷厂业务员快速了解生产需求，从而迅速准确地提供报价。

知识点 ① 报价的时间

印刷报价通常可以分为两个阶段进行：

1. 预估报价阶段：如项目类型为首次接触，则需要在接到项目后进行预估报价，了解基本的印刷成本。
（如对某类项目有丰富的经验，对生产成本有一定的了解，则可以跳过 1 阶段）

2. 正式报价阶段：在项目设计基本完成的时候进行正式报价，因为此时项目的内容、装帧 / 包装结构、工艺、用材、印刷量已经基本确认。

在进行报价时，可以同时联系 2~3 家经常合作的印刷厂进行报价，选择价格与做工兼具的一家进行合作。如果报价超出预算太多，应该及时与业务员沟通并合理调整设计哦！

知识点 ② 周期的预判

项目的报价、材料的采购、物流的运输以及印刷的排期都需要时间。一名优秀的设计师应该提前规划和预判生产周期，在合适的时间点提前联系业务员完成报价、合同、采购、印刷排期等一系列印前准备工作，做到未雨绸缪，不慌不忙。

下面，让我们通过一份书籍报价单，学习如何准确地表达设计需求吧！

请根据项目需求调整模板；表格中为虚拟数据，仅供教学参考 ▶

XX公司 书籍报价单

书名	《 xxxx 》	印量	5000 本
尺寸	210mm X 280mm	页数	256P
装帧	锁线活脊精装（裱 3mm 灰纸板）		
封面材料	xx 纸行 – 铜版纸 –157g – 超白　❶ 见 P18 注解		
封面工艺	4+0C、过哑膜、烫金（ A01 号哑金、出铜版 ）　❷ 见 P18 注解		
内页材料	xx 纸行 – 超感纸 –140g – 本白		
内页工艺	4+4C　❸ 见 P18 注解		
衬纸	双胶纸 – 140g – 米黄	样品	提供 10 本样书（不计入大货）
装箱	10 本 / 箱 单本过收缩膜	发货地	广州
单本价格	xx 元 / 本（含税、含物流）		

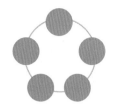

黄金准则 ③：
绝不马虎的印前审查

在交付印刷文件之前，需要进行印前审查，确保信息没有出现任何错误、遗漏。同时，要根据实际印刷需求，将设计文件制作成最终的印刷文件。

打样流程图解

这是一本书的效果图，其中封面与书脊的文字计划采用烫印工艺

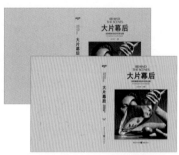

这是书籍封面的黑白稿与数码样，主要用于校对文字与查看图片的色彩

这是一份蓝纸，其中烫印的部分以蓝色表示，这份蓝纸主要用于确认烫印的位置、大小、信息是否正确

知识点 ① 打样与校对

在正式印刷之前，印刷厂一般会依次提供黑白稿、数码样、蓝纸供客户确认。收到样稿时，应仔细检查文字信息有无错误，设计的元素有无缺漏，图片的色彩是否准确，如有发现问题，应在此时做出修改。在蓝纸签样后，一般代表设计方对于内容无异议，可以开始印刷了。

进入印刷流程后，万一在监印过程中发现问题，一定要立刻停机！及时止损！并第一时间修改文件，重新出版印刷。下厂监印时，最好随身携带电脑与设计文件，以备不时之需哦！

知识点 ② 印刷文件制作教程

下面以一个书籍封面为例，教你如何制作印刷文件。

教程备注

● 图中金色的元素均模拟采用烫印工艺。

● 图中黑色底色与灰色矩形分别采用 100% 与 80% 的单黑印刷。

1. 印刷文件制作教程

1 设计阶段

如果此刻你脑海中是这样的图层分层，那么恭喜你，你已经是一名工作思路清晰的设计师了。但是，在完成设计后，我们需要另存为一份文件，按照印刷需求重新分层。

2 印前制作：烫金层

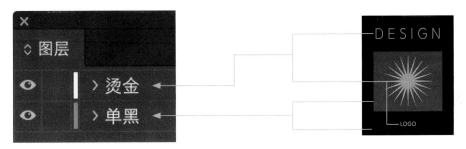

重新将图层进行分类，将标题、图形、LOGO 放置在烫金层，将黑色背景与灰色矩形放置在单黑层。

在制作印刷文件时，通常用单黑（C0 Y0 M0 K100）代表需要制作工艺的部分，如画面中有多种工艺，则可以使用不同颜色进行区分。

1. 印刷文件制作教程

③ 印前制作：单黑层

单黑背景与灰色矩形放置在同一单黑层即可，如设计中有四色的图片与四色的背景，同样放置在同一四色层即可。

④ 印前制作：检查出血

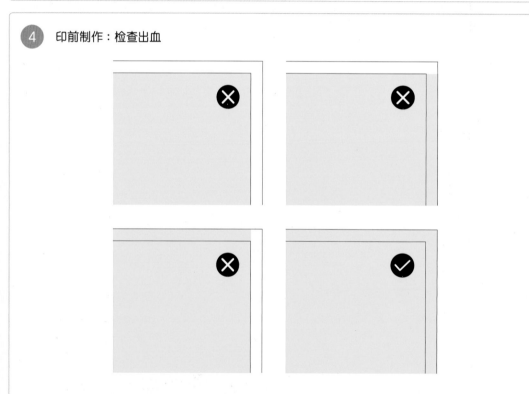

出血是指印刷的裁切位，为节约纸张，印刷需要将不同的内容拼版，再通过裁切变回设定尺寸。目前世界上没有任何一台裁切机可以做到完全准确无误地裁切边线，因此需要预留出 3mm 的出血位作为裁切容差。在 Illustrator 与 Indesign 中，新建文档时便默认设置了 3mm 出血，Photoshop 则需要手动设置。上图展示了几种制作出血的情况，必须将底色、图片紧靠在两侧的出血线上才算正确。

2. 印刷文件导出教程

1 AI 导出设置

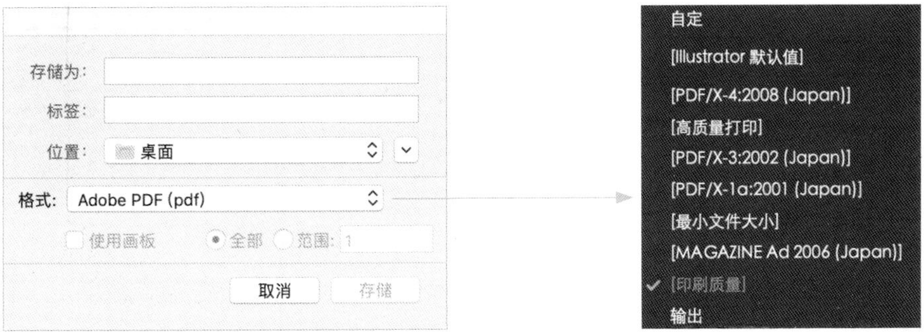

完成所有印前校对与文件处理后，就进入最后的环节：导出。此步骤中，AI 与 ID 的操作略有不同。上图为 AI 的导出设置：Ctrl+shift+S（另存为）→ 格式：Adobe PDF（pdf）→ 点击右下角 "存储" → 跳转至下一页，在最上方 "Adobe PDF 预设" 中选择 [印刷质量]，进入下一步设置。

2 ID 导出设置

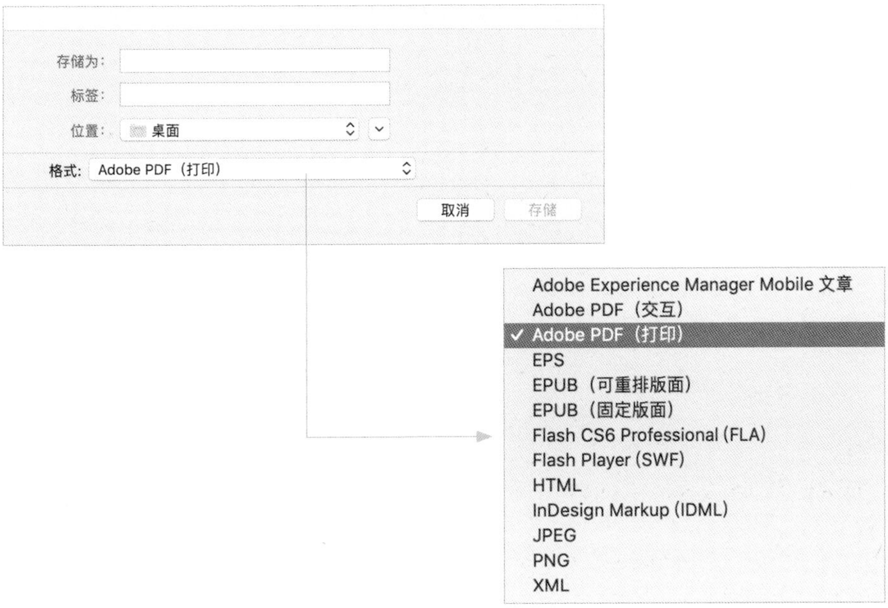

在 ID 中，使用快捷键：Ctrl+E（导出）→ 格式：Adobe PDF（打印）→ 进入下一步设置。

2. 印刷文件导出教程

③ AI：[常规]导出设置

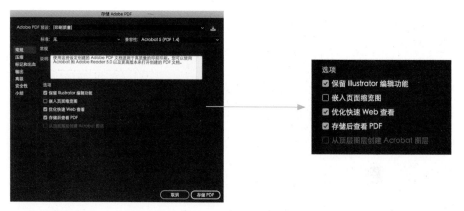

勾选[印刷质量]后,首先设置[常规]选项卡。AI中需要勾选除了"嵌入页面缩略图"以外的三个选项。

④ ID：[常规]导出设置

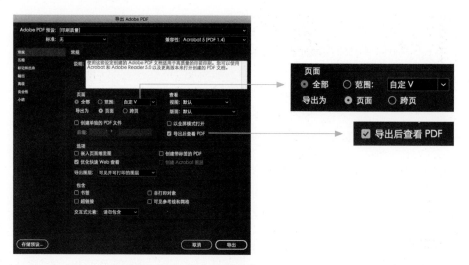

ID[常规]选项卡设置如下,"全部"代表导出所有页面,"范围"代表导出选择页面,如填入"1-50",代表导出P1~P50(如页码编辑为001,则填写001-050)。"页面"代表单页导出,"跨页"代表两个单页合并导出。输出印刷文件时,一般内页以单页导出,封面以跨页导出。勾选"导出后查看PDF":在导出完成后会自动弹出PDF文档。

2. 印刷文件导出教程

⑤ AI：[压缩] 导出设置

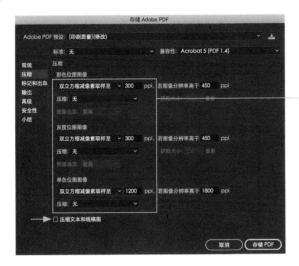

在 [压缩] 选项卡中选择：
[双立方缩减像素取样至]
压缩：[无]

⑥ ID：[压缩] 导出设置

AI、ID 的 [压缩] 选项卡基本相同：将彩色位图图像、灰度位图图像、单色位图图像
中的"压缩"设置为"无"。AI 将下方"压缩文本和线稿图"的"√"去掉，ID 将下方"压
缩文本和线状图""将图像数据裁切到框架"的"√"去掉。ID 最下方两个选项与 AI
略有不同，将两个选项的"√"去掉即可。

⑦ 导出建议

在导出杂志或书籍内页时，建议每 50P 导出一份文件，
余下的部分与最后一个 50P 合成一份文件。比如一本
224P 的书籍，可以将文件分为：P1~50、P51~100、
P101~150、P151~224。

Tips: 每 50P 导一份文件可以
防止单个文件过大，超出 PDF
限制，从而导出失败的问题哦。

2. 印刷文件导出教程

⑧ AI 、ID：[标记与出血] 导出设置

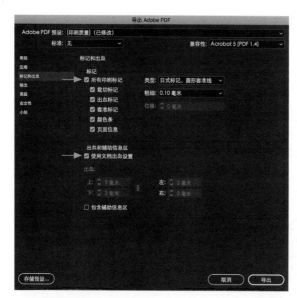

> Tips: 导出后记得检查出血线与印刷标记，二者缺一不可哦。

[标记和出血] 选项卡设置如下，勾选"所有印刷标记"和"使用文档出血设置"。"包含辅助信息区"不用勾选。

设置完 [常规][压缩][标记和出血] 后，下方四个选项卡保持默认设置无需改动，点击右下角"导出"完成。

3. 印刷文件设置逻辑

① 分层导出印刷文件

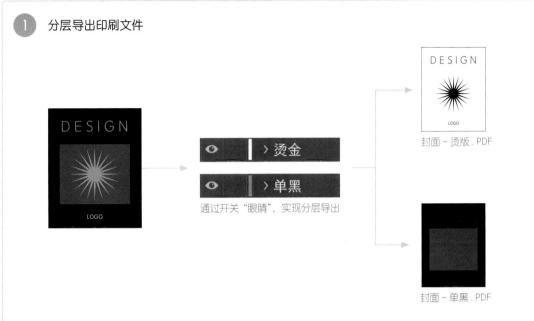

导出印刷文件时，需要将印刷部分与工艺部分分开导出，且每一种工艺需要单独导出一份文件，如一个包装盒包含印刷和两种颜色的烫金，则需要导出 3 个文件，文件的分层通过图层的开关按钮实现。

② 文件夹设置

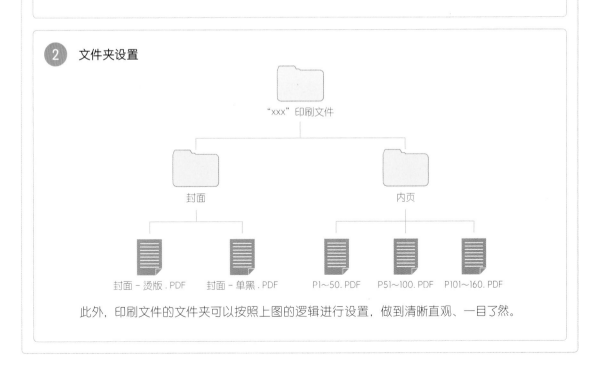

此外，印刷文件的文件夹可以按照上图的逻辑进行设置，做到清晰直观、一目了然。

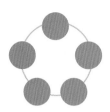

黄金准则 ④：
质量可靠的印刷材料

烫印材料讲解

烫印金箔的色彩多种多样

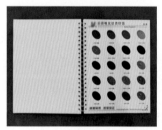

设计师一般根据印厂提供的
烫印箔样挑选烫金的颜色

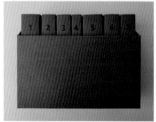

从合作纸行的纸样中选择
适合的特种纸

* 本册附赠在多种特种纸上烫印效果
的实样以供参考（实样编号：004）。

与烫印相关的印刷材料一般包含烫印金箔与纸张，可靠的材料决定了生产周期的顺畅。主动学习、提前沟通、印前打样、常年积累是学习印刷的好方法。

知识点 ① 烫印金箔

烫印的颜色是由金箔材料决定的，设计师可以根据合作印厂提供的金箔样本选择合适的颜色；如果印厂的金箔样本没有设计师想要的颜色，也可以自行提供金箔材料厂家的样本和联系方式，由印厂下单采购。

如果烫印前对金箔的颜色或在特种纸上呈现的效果存在疑问，可以联系纸行寄纸样到印厂，并委托印厂在烫印其他项目时，利用别人的烫版进行试烫，这样既节省了成本，又明确了最终的成品效果。

知识点 ② 承印物

本书围绕纸品的印刷加工进行教学，因此此处的承印物讲解主要聚焦在纸张上。

为项目选择合适的纸张从来就不是一件易事，设计师需要常年累积的学习才能运用自如。在选择一款纸张之前，可以先询问纸行该款纸张是否适合于这项工艺，其材料和韧性能否用作包装、封面、裱版等用途。

烫印的纸张应该具备一定厚度，同时最好富有韧性（手指轻弹不会发出脆响），否则容易出现烫破、烫爆的情况。对于某些容易烫焵的材料，可以选择冷烫技术。

Tips：还有一种特殊情况值得一提，不同颜色的金箔因为加工工艺的不同，其本身的附着能力可能存在差异。尝试更换相近颜色的金箔，说不定可以解决棘手的难题哦！

材料、承印物烫印适用性参考表

下面为不同的材料、承印物在烫印中的适用性参考：

√代表推荐，○ 代表可能存在风险，X 代表不推荐

材料与工序	适用性
先烫印，再过光 / 哑胶	√
先烫印，再过触感膜	√
先过光 / 哑油，再烫印	√
先过光胶，再烫印	○ 需选择高品质金箔
先过哑胶，再烫印	√
先过触感膜，再烫印	○ 材质光滑，烫印有一定难度，建议打样试烫
布面烫印（金、银等常规颜色）	○ 需选择纹理较细腻的布料
布面烫镭射、万花筒等特殊金箔	X 镭射效果会因布面纹理消失
表面带纹理的特种纸	○ 烫印前打样，可能需要出铜版
表面特别光滑的特种纸 （如银卡、镜面卡、玻璃卡等）	○ 烫印前打样，可能需要出铜版

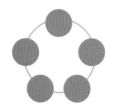

黄金准则 ⑤：
认真负责的现场监印

现场监印图解

下厂时最好携带印刷文件，
在出现印刷事故时可以及时修改，
最好每次开印时都能提前到厂。

如监印时出现印刷事故，
应该以解决问题为优先考量，
哪怕增加成本也要执行修改。

监印时应集中120%的精力，
尽力让印刷时效果接近理想的效果，
但也要学会灵活变通，
如在某一问题上不断尝试后无果，
应与业务员、客户协调，
在充分沟通后做出合理的修改。

一份制作精良的印刷品离不开认真负责的监印，设计师也在遇到问题、解决问题的过程中不断积累经验。作为基础篇的最后一节，再做最后一些补充说明。

知识点 ①　保持到厂监印

设计师最好做到每个项目开印与制作工艺时都能到厂。下厂监印时最好带上电脑或用硬盘拷好设计源文件，以便现场发现问题时可以及时修改。

知识点 ②　解决问题高于成本

在印刷前期，设计师应该合理考虑设计，尽可能节约印刷费用。但如果在现场发现问题，就应该根据情况迅速做出调整。比如原本计划使用锌版烫印，结果发现细节烫印模糊，那么此时应该立即叫停，与业务员协调重新制作铜版烫版。如果发现问题将错就错，可能导致整批产品报废重做！

知识点 ③　灵活变通

烫印效果也受到机器、烫版、金箔、承印物、技术人员等诸多因素的影响。在监印时既要坚守品质要求，也要学会灵活处理现场情况。生产中确实存在部分现阶段无法解决的技术难题，在多方尝试仍无法解决的情况下，需要变通处理。

烫印的监印现场

通过在机台下方放置纸板，并在纸板上对烫印不实的位置粘贴胶布，通过增加接触时间修补之前烫印不实的位置，这个过程称为垫板。

在烫印过程中，一般在 ① 处放置准备烫印的纸张 → 在 ② 处完成烫印 → 放置到 ③ 处 → ③ 处放置一定高度后移到 ④ 处并由叉车拉走

第二章

高手
印刷课堂

如何提升印刷品的精致感？
正反烫实战教学

烫印是最常用的印刷工艺之一，其作用主要在于提升产品的精致感与价值感。在烫印的多种技法中，正烫与反烫是最基础的使用方式。正烫即将设计出的图形直接进行烫印，反烫则是利用烫印镂空的部分与承印物的颜色结合，来达到期望的效果，其原理与平面构成中的"负形"类似。正反烫在设计过程中需要注意线条的粗细、间距，并尽量避免大面积实底烫印。

案例导师	Abraham Lule

Abraham Lule 是一位驻纽约的墨西哥设计师。他的作品将模拟设计与深厚的怀旧传统相结合，巩固了他称之为"人性化的设计"，并将其传播到食品、饮料、美容和酒店业，并与诸如 Penguin Random House、Capitol Records、Facebook 和 José Cuervo 等客户合作。最近，他因酒品的包装设计而被 Type Directors Club 授予 Ascender 奖和 Pentawards 奖。他喜欢花时间观察和想象，以使新项目的质量切实可见。

▶ 讲解项目：

Taqiza 餐厅

类型：品牌 VI

行业：餐饮

Taqiza 是一家位于澳大利亚邦迪海滩的墨西哥餐厅，专注于墨西哥美食。

Taqiza 的灵感来自墨西哥派对上的装饰，这种装饰与食物本身一样丰富而谦卑。为了契合邦迪海滩的环境，设计师注入了图卢姆（Tulúm，位于墨西哥）风格的饰面，为品牌带来了优雅和现代感。

设计机构：Abraham Lule ｜ 创意总监：Abraham Lule
设计师：Abraham Lule

品牌 VI 设计

Taqiza 是一家位于澳大利亚邦迪海滩的墨西哥菜餐厅，设计师希望通过设计来同时突显餐厅的地理位置和地域特色。品牌的标识形象灵感来自墨西哥派对上常用的装饰旗帜。

亡灵节是墨西哥的传统节日，在这个节日里，家人朋友团聚，为去世的人们祈福。节日虽为祭奠亡灵，但气氛却充满欢乐，体现了墨西哥人直面死亡的勇气与豁达。因此在节日中，常常可见四处悬挂着这些色彩丰富的旗帜。同时，由于餐厅位于邦迪海滩，为了迎合海滩的环境与氛围，设计师选择加入了图卢姆 (Tulúm) 风格的装饰。图卢姆 (Tulúm) 位于墨西哥，14 世纪时曾作为玛雅文化后期的城市存在，现今遗址依然保存完好。设计师将玛雅风格的艺术装饰作为灵感，设计成优雅和具有现代感的烫金图案，与品牌标识一起作为桌面上以及餐厅中的装点。

设计师使用了白色与金色作为主色调，烫金呈现的金色代表了图卢姆 (Tulúm) 在墨西哥加勒比海地区的金色沙滩和品牌自身的优良品质；同时，清新优雅的配色在传统 (文化底蕴) 与现代 (当下审美) 之间取得了平衡。

品牌 VI 设计

墨西哥亡灵节剪纸

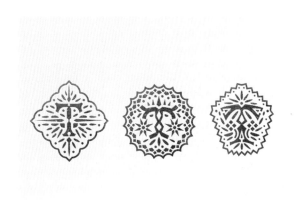

具有亡灵剪纸与玛雅文明图腾风格的图形设计

图卢姆玛雅遗址，卡斯蒂约古城大神殿

正烫 + 反烫工艺

烫印工艺能够为印刷品增添独特的金属质感，带来精致、奢华的视觉感受。这种质感来源于烫印金箔——电化铝，在烫印中，可以通过选择高光或哑光，金色、银色、镭射或其他颜色来赋予印刷品不同的观感。

正烫与反烫是最基础的烫印技法，无论是设计难度还是制作难度，都相对较低，但也有几点值得注意。

1. 在设计阶段需要保证线条、字体的粗细与间距，由于施加压力的不同，烫箔最终附着的效果会随着压力的变化而变化。当压力较大时，线条会更粗，反之亦然，因此，在设计时需要考虑到实际生产的容差；如果能在设计阶段就明确最终的承印物，也可以根据承印物质感的粗糙程度预估所需压力的大小，并以此来调整设计。

2. 设计时要明确烫印金箔的颜色与承印物颜色搭配的关系，这在制作反烫工艺时尤为关键，因为反烫是利用烫印镂空处与承印物颜色结合来凸显效果的。比如，在深色纸张上使用高光金箔，需要考虑到是否因为高光金箔的高反射性反射了纸张的深色，反而导致在某些角度下烫印效果不好；另外也要注意金箔与背景的明度、色相能否拉开对比，应避免工艺与纸张层次区分不清的情况。以上的问题，都可以通过印前打样解决。

承印物特性

项目卡片使用的承印物是纯棉纸，这是一款非涂布纸，常常用于名片制作。其因自然洁白的纸色、温润的手感、良好的挺度硬度而受到设计师的喜爱。值得注意的是，由于纸张的克重较高，纯棉纸需要使用凸版印刷来印制内容。

烫印实物效果

模拟同一金箔在不同纸张颜色下的呈现效果

项目中的烫印图形

正反烫印刷文件制作

1. 以品牌 LOGO 为例，制作一张名片。新建画板 63mm X 88mm，设置 3mm 出血。由于选择白色纸张且无印色需求，因此无需设置底色。

2. 绘制烫金图形，此时可以先以接近成品的颜色制作，方便联想最终效果。

3. 输出印刷文件时，将原本用作预览的金色更改为黑色 (C0 M0 Y0 K100)，并将烫印的内容放置在同一图层。

4. 将烫印的文字转曲，将线条与设置了描边的图形转换为形状，防止印刷厂接收文件后产生变化。

5. 导出烫金层文件。

1. 新建文件，因不考虑印刷颜色，故背景保持白色即可

4-1. 选择文字，ctrl+shift+o 进行文字转曲

2. 在设计阶段，先以接近烫金的颜色绘制图形

4-2. 选中图形执行：对象 – 路径（轮廓化描边）+ 形状（转换为形状）

5. 导出文件：烫金版. PDF

3. 完成设计后，将图形转换为黑色。如果设计阶段是分图层设计，此时应将所有图层合并为"烫金层"图层。

图层分层示意图

如何将图形与烫印结合？

实样编号：006

篆铭烫实战教学

篆铭烫是常用烫印技法的一种，相比于正烫反烫，其因需要与印刷的图形进行套位，对烫版与制作工艺的要求更高。篆铭烫的优点是能够让图形与工艺之间产生联系，通过设计的巧思，让画面的某些局部细节拥有烫印的金属效果。篆铭烫适合用于强调画面中的重点（比如一个画面中印刷了剑柄，并通过烫印的方式烫上剑刃）；同样也可用于画面的层次感（如下图乌鸦身上的装饰花纹）。

| 案例导师 | Ben Galbraith |

我是新西兰出生的包装设计师，居住在澳大利亚的悉尼。我的爱好是冲浪、钓鱼，当然还有设计！我曾经在伦敦、新加坡和新西兰工作过。我曾在一些顶级国际设计机构工作，但在过去的几年中，我开始积累自己的客户。我非常喜欢在海滩附近的工作室工作。因为我可以在上班前去冲浪，而且不必每天花费三小时在上班的路上。

▶ 讲解项目：

The Fabulist "说谎者"系列 葡萄酒

类型：包装

行业：酒业

The Fabulist（说谎者）是来自南澳大利亚的葡萄酒系列，包装的灵感来自伊索寓言。每一款都讲述了一个和寓言相关的品牌故事，例如乌鸦包装的题材来自伊索寓言里乌鸦喝水的故事，从而引申出"独创性"和"水的重要性"这两个关联点。插画借此来讲述 The Fabulist 葡萄酒的独创性以及水在葡萄栽培中的重要性这两个与品牌相关的特性。

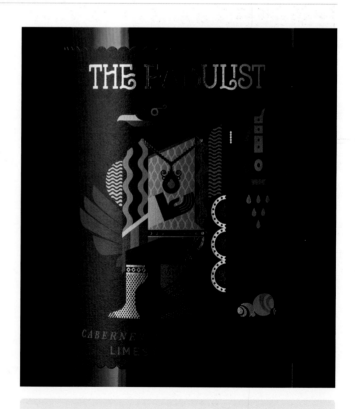

设计机构：Ben Galbraith Design ｜ 创意总监：Ben Galbraith
设计师：Ben Galbraith ｜ 插画师：Jonny Wan

包装设计

The Fabulist"说谎者"系列葡萄酒的包装设计灵感来自于"伊索寓言",通过对大众熟悉的寓言故事进行再设计,并融入企业宣传的卖点赋予了新的内涵,这种做法带给了消费者更高的接受度,也提升了产品的趣味性。

在插画设计上,插画师选择了颇具英伦感的扁平系画风,整体轻松简洁。为了避免扁平系画风带来的细节寡淡,插画师针对每一幅插画形象选取合适的位置(如左图乌鸦的衣服与鞋子),添加上精致细密的细节,做到了点、线、面的疏密有致,细节丰富且层次清晰。设计师在此基础上,将丰富的细节运用篆铭烫工艺呈现,进一步强化了画面的精致感。

包装配色选择了鲜艳明快的色彩,在确定主色调后,通过简洁和谐的辅色保持了色调的平衡。比如红色款包装以明亮的红色打底,人物主体搭配近似色橙黄色,整体为暖色调。棕色与黑色起到压重画面,确保色彩"不飘"的作用,白色和银色则起到提亮画面与中和色调的作用。绿色款包装为对比色配色,主体狐狸选择了绘本中经常使用的橘红色,服饰与背景选用了对比色绿色,通过降低绿色的饱和度,并让色相偏冷偏青,从而保持了画面的和谐,也很好地衬托了主体。

系列包装设计

绿色款插画设计

红色款插画设计

红色、绿色款包装配色参考

篆铭烫工艺

篆铭烫是烫印工艺的进阶技法，它可以增加印刷图形与工艺之间的整体感与和谐感。恰当的篆铭烫会带给观者一种严丝合缝的舒适感，局部的烫印还能起到强调、装饰的作用。因此，我们也可以说，篆铭烫是建立在设计师对于图形的理解之上而制作的工艺。

篆铭烫的制作难点在于套位，设计师需要考虑如何在保持相近效果的同时降低生产的难度，最好能够预留一定的偏移容差。但值得一提的是，由于烫印为大规模批量化的生产作业，难以避免出现轻微偏差，这是客观存在的生产问题。

四色印刷、过油、模切

整体包装采用四色印刷，并过哑油保护印刷表面。瓶身标贴采用模切工艺，模切出半圆形锯齿。

承印物特性

瓶身标贴采用的是 Label Stock: Estate 8 纸张，这是一款非涂布特种纸，具有出色的手感，并且可以很好地呈现油墨的色彩并承受烫印的压力。

篆铭烫工艺

模切工艺

篆铭烫 + 模切印刷文件制作

1. 新建 114mm X 110mm 的画板，设置 3mm 出血。因为整体是白色纸张印刷四色，因此先单独设置红色背景。

2. 绘制插画、设计字体，确定制作工艺的区域并进行区分。

3. 将四色印刷的插画与背景合并为"四色层"，并

适当放大套位区域以降低烫印的风险。

4. 将篆铭烫的部分转为单黑（C0 M0 Y0 K100）并单独分层。同时将文字转曲，线条轮廓化描边。

5. 绘制半圆形的刀模形状，并将锐利的连接处转换为圆润的圆角防止模切爆边。

6. 通过开关图层的方式，分别导出四色层、模切层与烫银层。

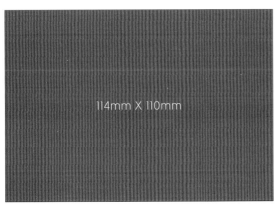

1. 新建 114mm X 100mm 的红色背景，并单独分层

4. 将烫印图形分层，转换为单黑，并转曲文字、轮廓化描边

2. 绘制插画、设计字体，并将制作篆铭烫的图形进行区分

5. 绘制模切刀线，并利用"转角"将尖锐的切口圆角化

6. 分别导出：四色层.PDF、烫银层.PDF、模切层.PDF

图层分层示意图

👁	模切层
👁	烫银层
👁	四色层

3. 将套位的区域放大以降低风险，并合并四色层

如何实现丰富多样的烫印？

多重烫实战教学

多重烫是指在同一画面／局部烫印两种或两种以上不同颜色的金箔。当画面中需要强调多种颜色时，可以通过多重烫工艺进行制作，突出视觉焦点。多重烫除了套位烫印，还可以进行叠烫（即两次烫印的位置有交叠），但需要事先确认好叠烫金箔的兼容性。制作多重烫时，设计师应充分考虑金箔与纸张之间的色彩搭配，金箔的颜色多种多样，原则上以合作印厂提供的烫金样本作为首选，如有特殊要求，也可让印厂采购指定金箔。

| 案例导师 | Ivory Ho |

Ivory Ho 是一位空间设计系出身的平面设计师，拥有天马行空视觉创意的她，也不失空间执行面上的务实。2016 年开始经营插画 Blog: IVORYHIPPO，她善用鲜艳的色彩、华丽的装饰，并与超现实主义融合。2019 年正式成立 IVORYHO design，与多元的行业互相协作，拥有鲜明的设计风格，同时也能融合客户的调性。服务范围涵盖品牌规划、包装设计、活动视觉、网页设计、店铺设计、摄影等。

▶ 讲解项目：

阳光菓菓 X 诚品 30 周年纪念礼盒

类型：包装

行业：食品

该产品为水果衍生食品，主力消费人群在 25～35 岁，本次项目为诚品书店 30 周年纪念活动联名礼盒。视觉元素上选用阳光菓菓最为畅销的水果：菠萝与芒果，并将品牌原包装写实风的水果简化，搭配品牌色，最终以抽象、简洁的调性呈现包装，这也与诚品书店的调性更为贴合。工艺上使用多重烫，增加了礼盒的收藏性。

设计机构：IVORYHO design ｜ 创意总监：Ivory Ho
设计师：Ivory Ho ｜ 摄影师：Ivory Ho

包装设计

本项目是阳光菓菓 X 诚品 30 周年纪念礼盒的包装设计，考虑到主力消费人群为 25～35 岁的年轻白领，并且是与诚品的联名款，因此在设计调性上更适合轻松、现代、简洁的风格。包装盒正面的主视觉元素提取于阳光菓菓最热销的两种水果：菠萝与芒果，设计师通过扁平化、极简化的手法，将常见的水果转换为几何图形，这种将常见的事物"陌生化"的方式能够带来新奇有趣的视觉观感。

由于视觉元素采用散点式的方式排布，留给文字的空间并不多，且直接将文字放置上去也会使得整个包装略显呆板。因此，设计师使用了文本绕排的方式，将英文字母以围绕图形的方式进行编排，这种做法更好地使图形成为画面的视觉焦点。盒口的封口贴同样采用银色，与烫银呼应。

包装配色来源于菠萝芒果的颜色与品牌色，包装整体以粉色调为主，正面以大面积的白色搭配浅灰色菱形格子打底，用以衬托摆放在上方的元素，黄色、橙色强化了暖色系的色彩感受。在工艺上使用了多重烫技法，分别烫印了哑光质感的蓝色与银色，为包装增添了一份精致的质感。

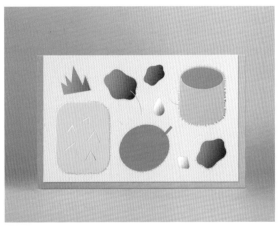

包装盒正面图

30 周年银色封口贴

烫银文字绕排图形

包装配色参考

多重烫工艺

制作多重烫时，容易出现金箔套不准的问题，所以在设计时，需要在两色交叠的地方留出白边，给因实际烫印压力产生的扩张预留空间。礼盒上大面积的粉红色尽管彼此之间色号相同，仍须留意压力是否平均避免导致色差。

四色印刷

本项目除烫印的蓝色与银色之外，均采用四色印刷。

承印物特性

本项目包装礼盒的用纸是恒成纸业－维纳斯凝雪映画－290g，这是一款轻涂布特种纸，即便是四色印刷，亦能呈现出饱和的色彩，同时还能保持纸张原有纤维以及纹理。在使用烫印时，纸张独特的纹理同样会作用在金箔之上，形成独特的效果。290g 的高克重保证了其作为一款包装用纸的坚固性。

烫哑蓝色效果，纸张纹理透过压力清晰呈现在烫箔之上

多重烫工艺，部分银色烫箔压在蓝色烫箔上

多重烫 + 四色印刷文件制作

1. 此处印刷文件制作讲解以包装中烫印的区域进行演示，首先新建 225mm X 135mm 的画板，设置 3mm 出血。因为所选纸张为白色，此处无需设置底色。

2. 用单黑绘制菱形网格，将绘制完成的图形拖入色板变成图案色板，绘制铺满画面的矩形并填充该图案，不透明度设置为 20%。

3. 配色时以较少的原色混合出目标色彩为优选，这样可以避免印刷偏色。比如，在选取橙色时，C0 M40 Y80 K0 的效果要优于 C5 M30 Y70 K5。最后，将四色印刷的部分单独分层。

4. 将烫蓝、烫银的图形各自命名分层，其中烫银用单黑表示，烫蓝可以选择蓝色以示区分。分层后将文字转曲，图形轮廓化描边。

5. 分别导出四色层、烫银层与烫蓝层。

1. 新建 225mm X 135mm 的画板

3. 绘制图形, 并将四色印刷的部分单独分层

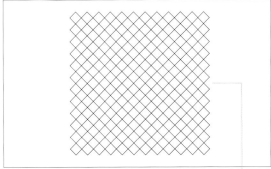

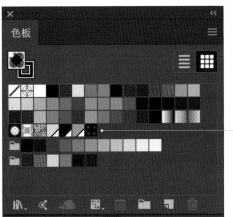

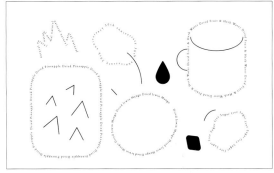

4. 将烫银内容单独分层, 做转曲、轮廓化描边, 命名为"烫银层"

5. 将烫蓝的图形单独分层, 颜色可设置为蓝色, 命名为"烫蓝层"

6. 分别导出: 四色层. PDF、烫银层. PDF、烫蓝层. PDF

图层分层示意图

👁	烫蓝层
👁	烫银层
👁	四色层

2. 用单黑绘制菱形网格, 选中图形拖拽至色板, 变成图案色板
绘制含出血铺满画面的矩形, 填充图案色板, 不透明度 20%

如何让印刷品凹凸有致?

立体烫实战教学

我们常常希望设计的印刷品能富有丰富的层次与触感,常规的烫金工艺能带来强烈的金属质感,也可通过施加压力让烫印产生凹痕。但是,如果希望制作的产品具有凸起的质感,则此时需要使用立体烫技法。立体烫分为一次成型的阴阳模具,与先烫后凸的二次成型,二者各有优势:一次成型的立体烫适合套位复杂的设计,先烫后凸则适合较为简单的套位。

案例导师 | Abraham Lule

Abraham Lule 是一位驻纽约的墨西哥设计师。他的作品将模拟设计与深厚的怀旧传统相结合,巩固了他称之为"人性化"的设计,并将其传播到食品、饮料、美容和酒店业,并与诸如 Penguin Random House、Capitol Records、Facebook 和 José Cuervo 等客户合作。最近,他因酒品的包装设计而被 Type Directors Club 授予 Ascender 奖和 Pentawards 奖。他喜欢花时间观察和想象,以使新项目的质量切实可见。

▶ 讲解项目:

A Mexican Affair
墨西哥往来

类型:文创

行业:文娱

A Mexican Affair 是纪念墨西哥和美国之间艺术和文化融合的项目,这是受两国交往黄金时期的影响。

在历史上曾经有一段时间,来自墨西哥和美国的歌手、音乐家、演员和喜剧家营造了高雅和浪漫的娱乐氛围。两国之间的文化交流被我们称为 Mexican Affair"墨西哥往来"。

设计机构:Abraham Lule | 创意总监:Abraham Lule
设计师:Abraham Lule | 摄影师:Francisco de Deus

卡片正面设计

项目主要围绕一张纪念卡片进行设计，设计师希望卡片的正反面呈现不同的质感与效果，因此，采用了两种不同的工艺与纸张。在色彩的选择上，深红色代表剧院里的天鹅绒窗帘和红地毯，而烫印的金色又能凸显优雅感与高级感，因此最终以红金这一经典配色作为主色调。

卡片正面的设计思路是对项目名称进行字体设计，并作为主视觉。设计师将"A Mexican Affair"3个单词断为三行居中编排，其中"a"与"Affair"采用花体字，"Mexican"则采用无衬线字体。采用不同字体进行组合，可以使图形包容不同字体的传达效果。其中，无衬线字体的笔画锐利干脆，

传达了现代感，字体整体的重心偏低，是为了配合下方的花体字达到视觉平衡。花体字的加入，让整体视觉呈现了经典感与装饰感，符合项目的调性。

卡片背面设计

卡片背面采用对裱工艺，制作工序是先将设计的图形在金色卡纸上击凸，再对裱到原本红色的卡纸上。这样做的目的是增加印刷品的触感与质感，同时也节约了上机印刷的成本。卡片背面的图形由项目名称的排列组合而成，整体以对称的方式设计。联系电话、邮箱、网址等信息同样以对称的形式围绕在图形四周。

卡片正面，采用立体烫

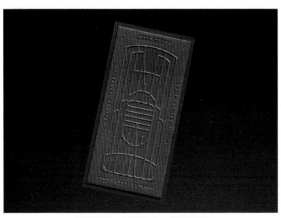

卡片背面，采用击凸 + 对裱工艺

卡片正背面图形设计

立体烫工艺

立体烫能带来常规烫印所达不到的立体效果，其一般分为采用阴阳模具一次成型的立体烫，与先烫后凸二次成型这两种做法，由于本项目不需要复杂的套位，所以采用的是二次成型的方法。

二次成型的立体烫一般需要先制作烫金工艺再进行击凸，这是因为烫金工艺需要在平整的纸张上进行。另外，制作立体烫时，要确保线条不能过细，不然在击凸时容易产生偏移造成不好的效果。

击凸＋对裱工艺

直接对不印色的纸张进行击凸也被称为"素击凸"，击凸主要的作用是赋予承印物凸起的手感，增强实物的触感。

对裱工艺是将 2 张或 2 张以上纸张进行粘贴，相同的纸张对裱是为了增加厚度，比如制作名片时，通常会将 2 张或 3 张 300g 的纸张对裱成 600g 或 900g 的纸，以增加名片的厚重感。不同纸张对裱则可以让印刷品同时呈现两款不同纸张的质感，本项目是红色卡纸与青铜纸进行对裱，正面呈现的是红色卡纸与烫金的搭配产生的高级感，背面则呈现了青铜纸的稳重感。

注意事项：如果印刷品正反面存在对位关系，比如正反面设计上都有边框，则不建议使用对裱工艺，最终成品会因无法对齐而出现印刷事故。

承印物特性

卡片整体采用一款深红色、附带自然纸纹的非涂布卡纸，卡纸的柔韧性优秀，就能够承受立体烫二次加工的压力，对金箔的附着程度也十分优秀。

卡片背面采用 Stardream 青铜纸，这是一款铜色纸、自带金色闪粉，质感厚重的特种纸。该纸张同样具备优秀的韧性，在制作击凸工艺时不容易出现爆边等问题。

立体烫实物效果

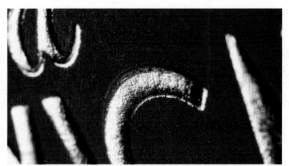

深红色非涂布特种纸

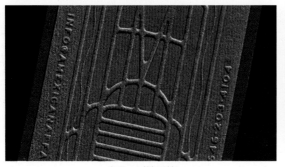

击凸＋对裱工艺

Stardream 青铜纸

A – 立体烫印刷文件制作

1. 新建 80mm X 40mm 的画板，设置 3mm 出血。由于选择自带红色的特种纸，因此背景设置为白色 (纸色)。(可选与纸张相近颜色做预览用)

2. 立体烫的图形设置为黑色 (C0 M0 Y0 K100)，烫金与击凸共用一个图层，命名为立体烫层。

3. 导出一个立体烫的烫版文件即可。

B – 击凸 + 对裱印刷文件制作

1. 在 A 步骤的画板内绘制一个 76mm X 36mm 的矩形并做居中处理，命名为对裱层。由于选择青铜纸，因此背景为白色 (纸色)。

2. 设计击凸图形，并将颜色设置为单黑 (K100)，并单独分层，命名为击凸层。

3. 分别导出击凸版文件与对裱套位文件。

80mm X 40mm

A-1. 新建文件

76mm X 36mm

B-1. 新建文件，并做居中处理，命名为对裱层

A-2. 设置烫印图形为黑色

A-3. 导出文件：立体烫烫版 .PDF

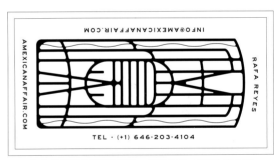

B-2. 设置击凸图形为黑色，单独分层，命名为击凸层

B-3. 导出文件：击凸版.PDF、对裱套位示意图.PDF

图层分层示意图

👁	立体烫层
👁	底色 (预览用，导出时关闭图层)

图层分层示意图

👁	击凸层
👁	对裱层

如何用一张烫版做多版本设计？

节省成本实战教学

烫印工艺的成本主要来自烫版与人工，以上一节高手印刷课堂为例，在一个项目中同时烫蓝色与银色需要出两张烫版，进行两轮调试制作，因此多重烫的成本偏高。那么有没有既节约又能烫印多种颜色或多个版本的方法呢？答案是肯定的，设计师可以通过保持烫版图形的大小、位置完全不变，然后通过更改印刷图案或者烫印金箔的色彩来实现多版本共版烫印，这样能有效地节约印刷开支。

案例导师 njucomunicazione（设计机构）

我们是一家创意公司，主要负责品牌和战略设计。我们为客户提供最有效的工具，向他们的受众展示实物和线上形态。我们带着一个想法并将其解构以评估其潜力、风险、受众和背景。当一切变得清晰时，我们开始围绕着它的周围进行建造，这是代表其身份的视觉世界。我们还会加入各种各样的自由合作者以增加经验和专业度，在交流中为客户提供支持。我们成长是因为我们永不停止思考。

▶ 讲解项目：

Lechburg 特兰西瓦尼亚 葡萄酒

类型：包装

行业：酒业

Lechburg 是罗马尼亚特兰西瓦尼亚市中心的第一大生物公司。我们为这个品牌设计了新的形象和包装。通过研究这片充满传说故事的土地，有样东西引起了我们的注意：充满幸福和色彩的传统服饰。在传统节日期间，罗马尼亚人至今还会穿着这种服装，庆祝爱与肥沃的田野。

设计机构：njucomunicazione ｜ 创意总监：Mario Cavallaro
设计师：Stefano Marra, Annamaria Varallo, Simonetta Pagliuca
摄影师：Antonio Alaimo

包装设计

包装主视觉的灵感来自于罗马尼亚的传统节日。2月24日是罗马尼亚的民间传统情人节德拉戈贝特。德拉戈贝特还被认为是春回大地、万物复苏的象征。民间有个说法，只要过德拉戈贝特节，保你一年平安无恙、果实累累。按照民间习俗，节日当天，当地人会穿着传统服饰聚在一起，庆祝爱与肥沃的田野。

设计团队以罗马尼亚的传统服饰为灵感，通过极简、扁平的设计手法进行转换，将繁复的图案转化为适用于包装的形式。在配色上，设计团队同样参考了传统服饰的鲜艳色彩，并最终将每款包装的用色控制在3~4种，暖灰色的背景则采用Pantone专色印刷，确保印制效果的统一。在工艺上，使用篆铭烫烫银，通过清楚明快的曲线表达身着罗马尼亚传统服饰的女性形象。瓶身标贴的背面为品牌方的文本介绍，上方白色单词"Chardonnay"使用的字体为PlayfairDisplay-Bold，下方黑色正文使用的字体为：Helvetica-Condensed-Light。

4款酒瓶设计

罗马尼亚传统服饰与经过设计后的图形

瓶身标贴设计

共版烫印技法

共版烫印指的是保持烫印图形、位置、大小不变,通过替换对应的印刷内容或烫印金箔,来实现区分多个版本的做法。其原理是通过设计手段减少烫版的制作,并降低烫印调机、换版的工作量,最终达到节省成本的目的。

假设一张烫版的价格是 1000 元,4 张烫版原本需要 4 X 1000 元 = 4000 元,现在通过共版的原理,只需要出一张烫版,即可节省 3000 元的成本。

专色 + 四色印刷

标贴暖灰色底色为 PANTONE Warm Gray 5 U 专色印刷,其中 "U" 代表非涂布的 (uncoated,涂布 coated 则以 "C" 表示),其余为四色印刷。

承印物特性

瓶身标贴用纸来自 Fedrigoni – Freelife Merida – 120g,这是一款自带压纹的白色非涂布纸,该纸张拥有良好的显色性,能够较好地呈现色彩。

共版篆铭烫,烫印位置大小保持不变

自带压纹的白色非涂布特种纸上,印刷了暖灰色专色与单黑

共版 / 篆铭烫 + 专色 / 四色印刷文件制作

1. 此处以烫印的区域演示,新建 230mm X 105mm 的画板,设置 3mm 出血。因为所选纸张为白色,设置专色 PANTONE Warm Gray 5 U 为底色,并绘制单黑矩形放置食品信息。

2. 确定人物形体,在保持位置、大小统一的前提下,分四个图层分别绘制 4 款不同的花纹。并完成包装的排版设计。

3. 将烫印的图形单独分层,命名为 "烫银层 – 共版",并用单黑表示。

4. 将四色层与专色层合并为一层,命名为 "五色印刷 – 专色 (PANTONE Warm Gray 5 U)",并转曲文字,轮廓化图形描边。

5. 分别导出 1 个共用的烫银层与 4 款包装的 4 个五色层。

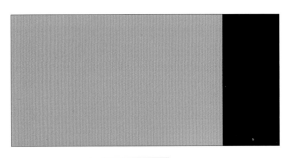

2-2. 完成包装的文字排版

1. 选择专色 PANTONE Warm Gray 5 U，并设置单黑区域

3. 将烫印的图形单独分层，转为单黑，命名为"烫银层 – 共用"

4. 将专色与四色合为一层，命名为"五色印刷 – 专色（PANTONE Warm Gray 5 U）"，并转曲文字，轮廓化图形描边

5. 分别导出文件：烫银层-共用. PDF（1个），五色印刷-专色（PANTONE Warm Gray 5 U）-1，……2，……3，……4. PDF（4个）

图层分层示意图

👁	烫银层 – 共用
👁	五色印刷 – 专色 (PANTONE Warm Gray 5 U)

2-1. 绘制人物主体，其余 3 款花纹保持位置，大小不变

第三章

实战
印刷课堂

图形线条化
增强精致感

烫印时可以将图形以线条的方式构筑
能有效提升画面的精致感。

选用工艺	烫印技法
专色印刷	正烫
烫印	篆铭烫
击凸	

from **POLYTRADE PAPER**

LET US EMBRACE THE NEW YEAR
WITH A BRIGHTER
AND MORE JOYOUS FUTURE.

from **POLYTRADE PAPER**

LET US EMBRACE THE NEW YEAR
WITH A BRIGHTER
AND MORE JOYOUS FUTURE.

from **POLYTRADE PAPER**

T US EMBRACE THE NEW YEAR
TH A BRIGHTER
D MORE JOYOUS FUTURE.

from **POLYTRADE PA**

LET US EMBRACE THE NEW
WITH A BRIGHTER
AND MORE JOYOUS FUTURE.

from **POLYTRADE PAPER**

LET US EMBRACE THE NEW
WITH A BRIGHTER
AND MORE JOYOUS FUTURE

分享花的快乐：花语红包设计

分类：文创

设计机构：studiowmw　创意总监：王文汇　设计师：李婷婷

本项目是友邦洋纸委托设计的新春红包袋，品牌方希望通过红包为客户展示不同的纸张特性。红包袋的设计从传统文化中汲取灵感，并转化为现代审美，通过不同花卉承载的花语，将新年的祝福传递给身边的每一个人。设计团队把概念转换为花瓶里的花，当人们拉开花瓶图案的封套时便可以看到祝福语句。封套更可以互相替换，创造出自己最喜欢的版本。而红包袋背后还配有一个支架，令它可以成为桌上的装饰，把祝福延续下去。

承印物：
友邦洋纸多款纸张

承印物特性：
除色纸外，当中也不乏白色特种纸，如珠光纸或轻涂纸。在设计上，每种图案匹配相应触感的纸张。如在年桔图案中我们用了拥有桔纹压花的 Coronado SST Bright White – Stipple。

设计师的项目分析：

友邦洋纸作为一家纸行，希望我们能够用他们一系列的纸张设计出一套红包袋，以向客户介绍他们不同纸张的特性。

项目难点：

从传统文化中提取图形元素，并完成在现代审美下视觉语言的转化。多款红包的配色、多种颜色保持系列感的统一，以及与颜色对应的纸张选择。

设计亮点：

本项目是运用现代审美重塑传统文化的成功案例。设计团队打破了红包传统红金色的固定印象，通过简约的图形，亮眼的配色搭配工艺，营造出了与众不同的红包设计。

工艺分解

白纸+色纸 → 四色+专色 → 多色烫印 → 击凸

篆铭烫

花朵击凸

正烫由线条
构成的花瓶

封套可随意搭配

与橘子皮纹理
相仿的特种纸

拉开封套，可见烫金在橘子上的祝福语句

包装背后的自立支架

项目用纸：
Art Touch – 210gsm / Astrobrights Sunburst Yellow – 216gsm / Astrobrights Gamma Green – 216gsm / Coronado SST Bright White – Stipple – 148 & 216gsm
Coronado SST Bright White – Vellum – 148 & 216gsm / Typographia White – 150 & 200gsm / Starwhite Flash white – 227gsm / Sunshine z (Pinweave) – 220gsm

激光切割再对裱
结合烫印提升视触觉体验

除了选择烫印工艺，还可以配合金、银卡等
具有金属感的纸张强化整体质感哦。

选用工艺	烫印技法
专色印刷	篆铭烫
烫印	
激光切割	
击凸	

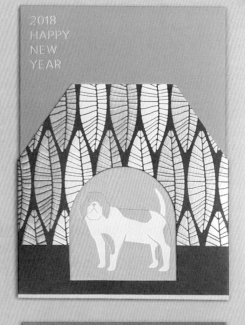

2018
HAPPY
NEW
YEAR

2018
HAPPY
NEW
YEAR

2018
HAPPY
NEW
YEAR

2018
HAPPY
NEW
YEAR

狗年新春红包袋系列

分类：文创

设计机构：studiowmw　创意总监：王文汇　设计师：李婥婷

本项目是迦南印刷公司委托设计的狗年新春红包袋，客户希望通过红包彰显其高规格的工艺技术。设计团队希望以新鲜、简洁的图案，配合鲜艳明快的色调来呈现整套设计。设计师以简洁、扁平、矢量化的风格绘制了红包的视觉元素，如：狗狗、竹子、鞭炮等，并通过红包的多层结构，让用户在打开红包时，收获快乐与惊喜。在印刷工艺上，通过烫印，击凸，UV 和激光切割，大大提升了红包袋的视觉、触觉层次。

承印物：
友邦洋纸 - Typographia White
150gsm (内纸套) / 200gsm (外纸套)
双面哑金、哑银纸 - 200gsm

承印物特性：
轻涂纸张印刷后仍会使部分油墨停留在表面，保持颜色鲜艳的同时，亦不会失去未涂布纸的手感。双面哑金哑银纸在激光切割露出的部分具有提亮效果。

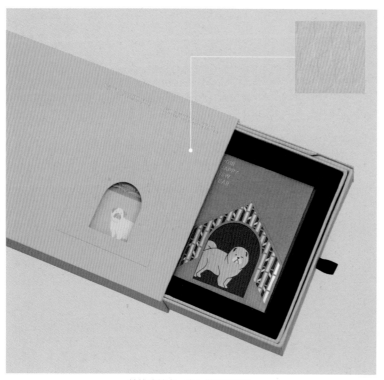

抽拉式外盒，盒上做菱形击凸

设计师的项目分析：

在踏入狗年之际，迦南印刷公司希望我们能以生肖为主题，设计出一套红包来让他们向客户展示精细的印刷工艺。

项目难点：

为凸显激光切割效果的细致程度与复杂性，我们设计出三种不同的花纹，且每种花纹都使用了两组图层组合重叠，进而增加了制作上的复杂程度。

设计亮点：

多重工艺的运用为本项目带来了极致的视觉效果。通过将两种纸张激光切割再对裱的方式，让红包呈现了除烫金外的其他金属质感，无论是材质还是空间上都饱含层次。

白纸+色纸 → 四色+专色 → 多色烫印 → 激光切割 → 立体压花

双层设计，抽开后
露出不同图案

深色为印专色金
浅色为烫哑金

烫哑银

烫白 + 哑金

Typographia White
轻涂布纸

哑光金卡纸

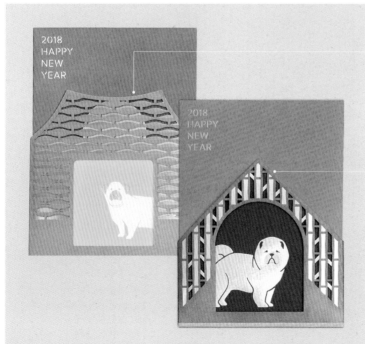

先将轻涂布纸与哑光金卡纸分开激光雕刻，
再将两种纸张进行对裱

先将轻涂布纸与哑光银卡纸分开激光雕刻，
再将两种纸张进行对裱

Tips: 使用激光切割工艺，需要确保
纸张有足够的厚度，以免切割后出
现承托力不足的情况，同时还要考
虑纸张属性，避免出现烧焦的情况。

调整专色百分比
配合烫金用出好色彩

专色印刷的成本根据专色的增加而上升，
可通过调整专色百分比来创造多种明度变化。

选用工艺	烫印技法
专色印刷	篆铭烫
烫印	

喜来登酒店红包袋

设计机构：studiowmw　创意总监：王文汇　设计师：李婷婷

本项目是为喜来登酒店会员设计的特别版红包。为迎合酒店年轻的客户群体,设计团队运用了清新、现代的手法,勾画出红包的视觉元素:通过在水仙花 (绿色款) 和桃花 (粉色款) 中间穿插英文字母 "S",代表喜来登酒店缩写;同时,水仙花与桃花盛开的场景,向会员们传达了财富和吉祥的花语。这次的红包设计运用了不同层次的金色,分别是 Pantone 专色金及烫哑香槟金。金色在突显会员的独特尊贵身份的同时,也能在视觉及触觉上为客户带来不同层次的质感。

承印物：
友邦洋纸 -
Typographia White - 150gsm

承印物特性：
轻涂纸张,印刷后它仍使部分油墨停留在表面,保持颜色鲜艳的同时,亦不会失去非涂布纸的手感。

设计师的项目分析：

为配合喜来登酒店年轻的客户群,我们需要运用清新和现代的手法为酒店会员设计红包袋来配合酒店品牌重塑的形象。

项目难点：

烫印金箔与专色印刷的颜色搭配需要反复打样确认结果。

设计亮点：

通过改变专色的百分比,让同一款专色 (桃花与水仙花叶子) 在画面中产生了两种不同的明度,这种方法不仅体现了花朵层次感,还节省了成本。另外,本项目也使用了专色金与烫金搭配的方法,利用非涂布纸略带粗糙的质感,衬托出烫金的精致感与华丽感。

白色纸 → 专色印刷 → 烫印

印专色金

烫香槟金

印专色黄
白色为纸张本色

印专色绿
2 种百分比

印专色粉，3 种百分比

Tips: 调整 Pantone 专色
的百分比尽量 ≥ 50%，否
则会导致网点过大，印刷
不实，效果不好。

印专色褐

控制压力
打造立体动感线条

当烫印线条时，在保证效果到位的同时，
应注意压力的控制，避免烫出来的线条过于粗糙。

选用工艺	烫印技法
烫印	正烫

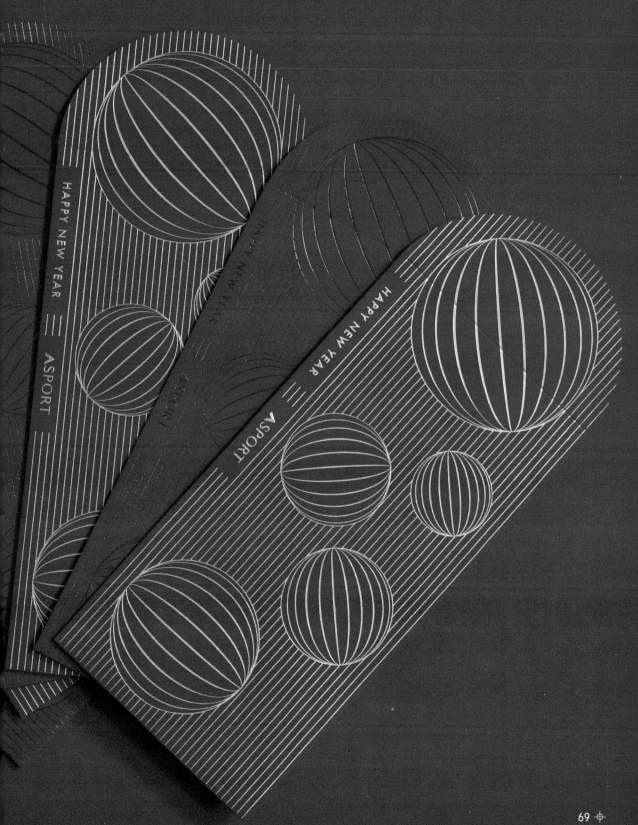

HAPPY NEW YEAR

ASPORT

ASPORT Red Envelope 红包设计

分类：文创

设计机构：StudioPros.work　创意总监：李宜轩　设计师：李宜轩、何凯翔　摄影师：徐圣渊

视觉设计以"球体运动"为主轴，以线条建构出立体空间，大大小小的球体以不同角度跃动于线条交错的红色平面上，呈现欢乐、活泼的气氛。球体上的线条更呼应传统红灯笼，带出了过年热闹的年节气氛。红包色彩有五色，各以不同的烫金色彩呈现，红色烫金线配红色底纸低调优雅；当底纸配上金色线条时呈现满满豪气；而搭配上珍珠箔线条有种温柔内敛的感觉。一组赠礼共有五个色，恰好可以赠予不同的对象。

承印物：

峻阳纸业 SKIN

承印物特性：

一款自带触感膜的特种纸，
由于纸张表面覆膜，其烫印难度较大。

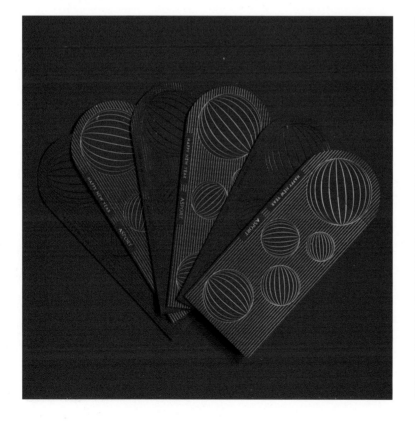

设计师的项目分析：

ASPORT 为新光纺织旗下的运动用品品牌，目标族群为爱好运动、收入较高的上班族。此组红包袋为 VIP 客人赠礼以及满额礼品。

项目难点：

烫印时必须时刻关注压力，如果压力稍微重一些，线条就会过粗，整体视觉效果容易显得粗糙俗气。

设计亮点：

设计团队运用基础的构成学原理，设计出了一套富有立体感与动感的红包袋。红包袋以红色触感纸配合满版烫金工艺制作，效果呈现出高级、精致的风格，也与品牌定位契合。

色纸 → 多色烫印

线条粗细
0.5～1.5pt

5 款红包
用腰封固定

5 款红包烫版共用，更换烫印金箔，上图分别为烫金、银、珍珠白、紫色、红色

Tips: 在触感膜上烫
印具有一定风险，
不同金箔的附着能
力也不同，如现场
出现烫金无法附着
的情况，可以更换
色彩相近的金箔。

71

运用烫印+击凸
增强触摸手感

除了烫印时施压对承印物产生凹印，
还可以结合击凸工艺实现立体上凸的效果！

选用工艺	烫印技法
专色印刷	立体烫
烫印	
击凸	
钢刀模切	

特丸12年绘本台历

设计机构：满满特丸设计事务所　　创意总监：刘天洋　　设计师：刘天洋、罗敏文　　摄影师：杨大为

在一个冒险者穿越沙漠的纪录片中，我第一次看见了这个小家伙，小巧、可爱、无害、不怕生，这只耳大脸小身子圆的跳跃小将叫"长耳跳鼠"，被誉为"沙漠里的米奇老鼠"，是全球100种最濒危灭绝物种之一。被列为"濒危"级别，除了自身弱小又无心机之外，还有一个很重要的原因——太萌。爱萌之心，人皆有之，人类的介入，也进一步加速了长耳跳鼠的濒临灭绝。这样的搜索结果让人有点心疼，于是便有了这次故事：学会生存 更要学会共存——COEXIST。

承印物：
晶品纸业 - 高阶映画
米白 -240g

承印物特性：
触感绵软，
能较好地附着与呈现油墨。

设计师的项目分析：

本项目是满满特丸设计事务所"12 YEARS TEUAN CALENDAR 绘本计划"的产品，为期12年，该日历为第6年。

项目难点：

制作工艺的线性设置为2pt，不能太细，否则烫印与击凸叠套时会套不准。

设计亮点：

烫印与击凸工艺的重叠使用，丰富了视觉及触觉的多样性，给使用者带来未知的惊喜。在米白色纸张上印刷荧光黄色（PANTONE 803C），带来了比成型色纸更加艳丽、明亮的色彩效果。

工艺分解

白纸 → 专色印刷 → 烫哑金 → 击凸 → 钢刀模切

画面中另一只
长耳跳鼠

外盒背面为
钢刀模切的撕拉口

先烫金再击凸，
此处烫印的图形为
一只长耳跳鼠

Tips: 非一次成型的立体
烫，一般采用先烫印图形，
再在纸背面套准，做击凸
的方法。由于需要二次套
准，所以用这种方法制作
立体烫时，要求烫印的线
条不能太细（建议≥2pt）。

日历本体采用六色印刷，即四色印刷 + 荧光黄（PANTONE 803）+ 荧光橙（PANTONE 804）

活用正反烫
创造生动的图形

烫印有时并不需要复杂的图形，
试试将正负形的构成结合正反烫工艺来呈现吧！

选用工艺	烫印技法
烫印	正烫
钢刀模切	反烫
专色印刷	

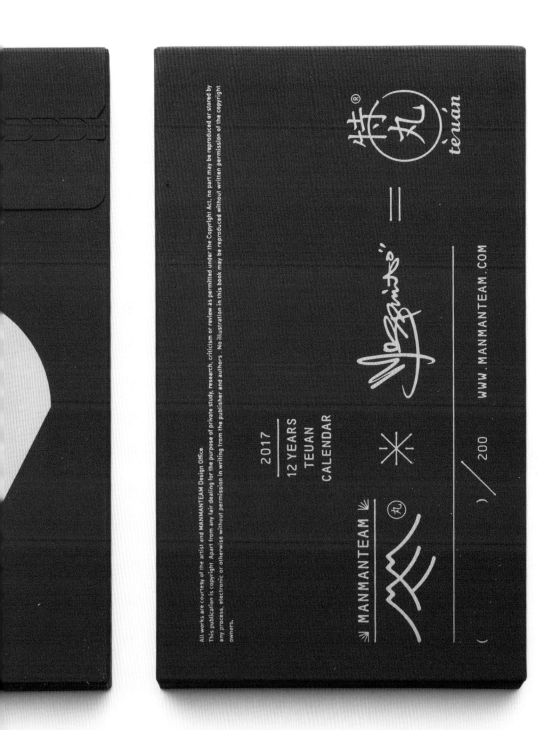

2017
———
12 YEARS
TEUAN
CALENDAR

MANMANTEAM

WWW.MANMANTEAM.COM

/ 200

特丸®
téuàn

特丸 12 年绘本台历

分类：文创

设计机构：满满特丸设计事务所　创意总监：刘天洋　设计师：刘天洋、罗敏文　摄影师：杨大为

适逢鸡年，我们绘本的主角名叫"鸡大吉"。故事的开端是因为鸡大吉的鸡冠比较大，所以它几乎找不到它能戴的帽子。于是它的新朋友满满羊和猴大力为它做了一顶合适它的帽子并告诉它"没有合适的，我就自己创造"。这便是我们这次关于"行动力"的主题故事。等待一件向往的事或物是很被动的，与其守株待兔，不如主动出击，想做就动起来！这是我们对自己的鞭策也是与同伴们的互勉。

承印物：
康戴里 – 星域 MATTER-
橙红 –380gsm

承印物特性：
手感特殊，质感强烈，
纸张色彩与烫金配合能够烘托喜庆欢乐的气氛。

设计师的项目分析：

本项目是满满特丸设计事务所"12 YEARS TEUAN CALENDAR 绘本计划"的产品，为期 12 年，该日历为第 3 年。

项目难点：

制作工艺时，要控制烫金压力、避免小字烫糊。

设计亮点：

运用简单的几何元素，通过巧妙的组合，变成一只憨态可掬的鸡。选用橙红色的特种纸作为底色，图形、文字、LOGO采用烫金工艺，这样配色上符合传统节庆的印象，且相对于选用白色特征纸，既节省了出版费用又保证了色彩统一。

包装盒工艺分解　　　　　　　　日历工艺分解

色纸　→　烫印　→　钢刀模切　　　　白纸　→　四色+专金

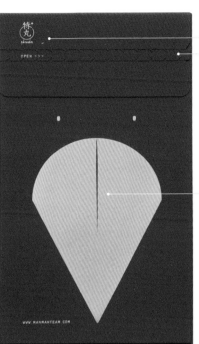

钢刀模切的撕拉口

外盒多数采用正烫

鸡嘴缝隙采用反烫

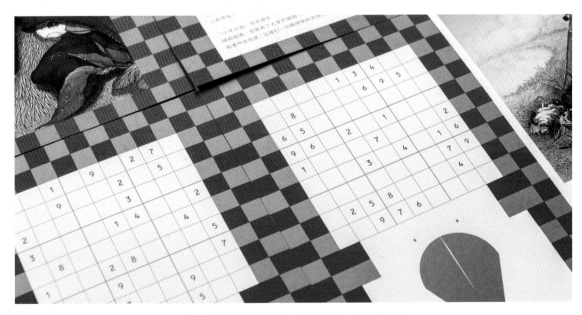

日历本体采用五色印刷，即四色印刷 + 专色金印刷

运用叠烫
打造丰富质感

叠烫是在一种金箔的基础上再次烫印，
运用该工艺需要注意纸张、金箔之间的适用性。

选用工艺	烫印技法
烫印	多重烫
击凹	
UV 上光	

THE DOG COMMEMORATIVE TICKETS. YEAR OF THE DOG COMES RICH. PROSPEROUS PEOPLE RECRUIT THE WEALTH, AND PROSPEROUS

metro
Taipei

NOIR

"狗来福"主题纪念套票设计

分类：文创

设计机构：MIDNIGHT DESIGN   创意总监：I Chan Su   设计师：Yi Gu   摄影师：Mo Chien

在古代，只有富人家才能经常吃肉，住所飘出的肉香吸引了狗群聚集，便有了"狗来福"的说法。设计师以"狗来福"作为封面主题，将"肉"转化成"古钱"放置在画面中心，并使狗群环绕来重新诠释俗谚。餐厅圆桌是家人团聚交流情感的地方，蕴含"团圆"之意，包装背面以此为灵感，将吉祥话围绕在圆形四周以表现传统的餐桌文化。打开包装时，中心结构会将红包袋往外推出，象征财富迎来，招财进宝。卡槽的纹样取自中国传统工艺品"如意"，为吉祥的征兆，迎合新年主题。

承印物：
蒹织纸 - 红色 - 116g

承印物特性：
蒹织色纸具有多色系，纹路取自日式建筑中的土壁压纹，纸面没有涂布，印后能呈现自然文艺氛围。

设计师的项目分析：

Metro 捷运公司每逢新年推出的限量生肖纪念套票，目标受众为市民，目的是提升品牌形象，强化大众印象。

项目难点：

印刷制作的预算有限，控制成本的同时要达到理想的效果。

设计亮点：

该项目体现了设计团队对于传统文化的理解与设计水平的娴熟。无论是图形设计、元素选择、包装结构或是工艺运用，我们都能从项目中清晰地看到传统文化这一条主线，在此基础上，设计团队还融入了自己的思考，在内容与视觉层面做到了平衡与创新。

色纸 → 多色烫印 → 击凹 → UV 上光

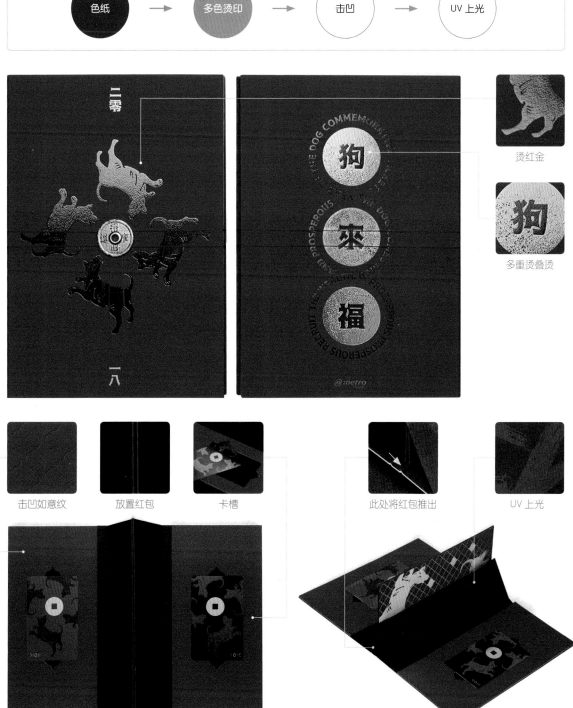

烫红金

多重烫叠烫

击凹如意纹　　放置红包　　卡槽　　　　　　此处将红包推出　　UV 上光

打开包装后，左右各为红、黑两色的捷运卡。内包装中间放置两款红包，通过结构设计，翻开时带动中间的脊位，将红包推出

运用篆铭烫
创造质感差异

烫印金箔具有金属光泽与光滑的质感，
可以与承印物印刷的质感拉开对比、丰富层次。

选用工艺	烫印技法
丝网印刷	正烫
烫印	反烫
击凸	篆铭烫

"鼠咬天开"主题纪念套票设计

分类：文创

设计机构：MIDNIGHT DESIGN　创意总监：I Chan Su　设计师：Yi Gu　摄影师：Mo Chien

中国民俗艺术中常出现"鼠咬天开"的图案。天地之初，混沌未开，以合碗象征天地，老鼠顶开合碗，寓意开天辟地，生育万物，具有祛灾纳吉的象征意义。本次包装以"鼠咬天开"为主题，将传统工艺结合现代设计表现手法，透过印刷加工增添层次感与视觉张力。包装正面以剪纸艺术的老鼠图案搭配经典花卉元素与立体线条相互映衬的合碗，背面则以祝福佳句的文字转化成鼠尾巴图像，并将故事当中的阴与阳转换成符号，延伸应用于包装封口与卡片背面，使包装与主题更为契合。

承印物：
绮美纸 - 橘色 / 红色 - 245g

承印物特性：
强调独特的手感、深邃丰富的色调，是绮美纸魅力所在，是一款朴质中带有时尚感的美术纸。

设计师的项目分析：

Metro 捷运公司每逢新年推出的限量生肖纪念套票，目标受众为市民，目的是提升品牌形象，强化大众印象。

项目难点：

控制印刷成本的同时，又要达到视觉统一的理想效果。

设计亮点

该项目体现了设计团队对于传统文化的理解与设计水平的娴熟。传统图形的运用不仅能被更好地接受，还彰显了设计的独特性。在材料工艺的运用上，设计团队选择了带颜色的特种纸，并将丝网印刷与烫印两种工艺结合，呈现了极具层次感的设计。

工艺分解

色纸 → 丝网印刷 → 烫金 → 击凸

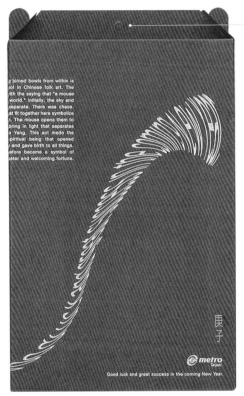

封口处击凸
阴阳符号

丝印白墨

具有金属光泽的
线条是烫金，颜
色更深的花朵
是印专色金

YEAR OF THE RAT

卡片丝印白色、专色金，并做篆铭烫（烫哑金）

红包为正烫＋反烫（烫哑金）

87

多重立体烫
打造奢华质感

精密繁复的图案是营造奢华感的前提，
配合一次成型的立体烫事半功倍！

选用工艺	烫印技法
烫印	立体烫
模切	篆铭烫
	多重烫

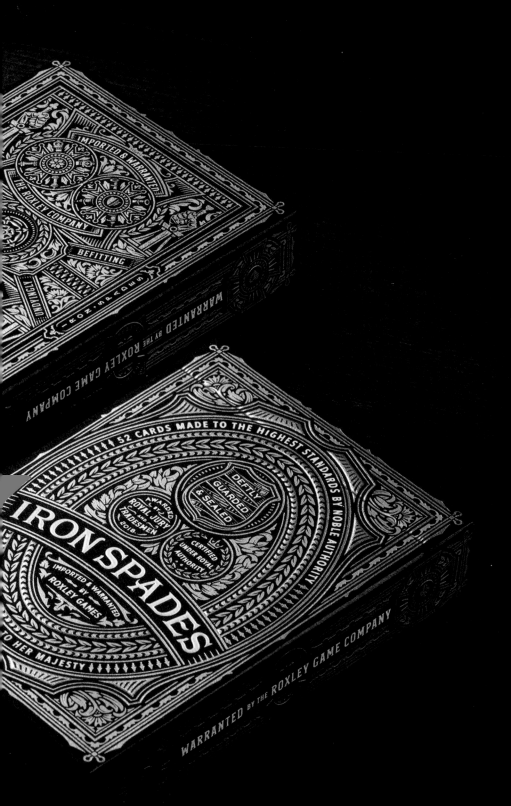

Iron Clays 扑克牌大师收藏系列

分类：文创

设计机构：Chad Michael Studio　　创意总监：Chad Michael　　设计师：Chad Michael　　摄影师：Steven Hellerstein

本项目是扑克品牌 Iron Clays 的珍藏版套装。扑克盒选用了一款深蓝色的特种纸打底，并采用 3 种不同颜色的金箔烫印：金色、绿松石色和白色。扑克盒采用一次成型的立体烫，这样可以避免先烫后凸的套准问题，且本次使用的烫版均为铜版，以确保细节的精细度；最后，盒上的封条也采用了精细的烫金图案。纸牌是在 100 磅 navy blue 纸上进行凸版印刷，其中数字字体、Ace 牌以及 Joker（大小王）为定制设计。

承印物：
扑克盒：深蓝色非涂布特种纸
纸牌：navy blue paper stock-100 磅

承印物特性：
表面平滑自带颜色，
韧性强能承受多次工艺制作。

设计师的项目分析：

本项目是扑克品牌 Iron Clays 旗下大师系列的珍藏版抽屉式套装（两盒装）。

项目难点：

精细繁复的图案设计与复杂的烫印工艺。

设计亮点：

本项目是精密烫印的代表，精妙的图形设计为烫印的呈现提供了舞台，扑克盒的主色调是金色和绿松石色，设计师采用对称、环绕、叠套的方法合理进行两种金箔的分布，最后再用烫白做文字信息的烫印，在此基础上针对重要的信息与内容做立体的效果，最终整个包装呈现极致华丽的效果。

色纸 → 立体烫印 → 模切指甲扣 → 封条烫金

烫金
烫绿松石色
局部击凸

封条烫金

封条下为指甲扣

文字烫白

Tips: 在色纸上呈现白字或白色图案时，可以采用丝网印刷或者烫白的方式。

木质抽屉盒有两层夹板，第一层放置两盒扑克，第二层放置了 200 个设计独特的双色游戏筹码；右图为定制设计的 Joker 和 Ace 牌

注重烫印与纸色、印刷色彩之间的搭配

除了对烫印图形的把控之外，
也要从整体角度去考虑工艺，注重色彩之间的搭配。

选用工艺	烫印技法
专色印刷	反烫
烫印	篆铭烫
击凸	多重烫
上光	

St. Laurent 柑橘杜松子酒

分类：**酒类**

设计机构：Chad Michael Studio　　创意总监：Chad Michael　　设计师：Chad Michael　　摄影师：Rusty Hill

本项目St. Laurent 柑橘杜松子酒是魁北克酒业品牌 Distillerie du St. Laurent 旗下的特别限定款产品。由于酒中加入了佛手、金橘和柚子等亚洲地区的植物，所以采用了充满中南半岛风情的设计风格。在包装设计上的每一处细节都受到亚洲文化的启发，并直接运用带有复古质感的插画：航行的帆船、神秘的佛像等，带消费者踏入一场亚洲大陆的热带之旅。工艺上运用了两种颜色的烫印，专色印刷与局部的击凸与上光。

承印物：
#74lb bright white felt paper stock

承印物特性：
一款带横纹的白色纸张，
适用于印刷及多种工艺呈现。

设计师的项目分析：

本项目是魁北克里穆斯基地区的酒业品牌 Distillerie du St. Laurent 旗下的产品。该产品为特别限定款的柑橘杜松子酒，主打亚洲热带风味。

项目难点：

体现亚洲热带风情的元素设计与配色，篆铭烫的套准问题。

设计亮点：

设计上运用了帆船、佛像、柑橘等元素的复古插画直接表现主题，并通过单色处理将色调统一。在画面中心，设计师选择了代表柑橘的橙色（辅以烫金），并大胆运用对比色蓝色（烫绿松石金）作为搭配，完美呈现了热情神秘的异域风格。

工艺分解

白纸 → 专色印刷 → 多色烫印 → 局部上光 → 击凸

烫金(篆铭烫)

烫绿松石金，文字中间白线为镂空反烫

画面中心橙色区域局部上光

局部击凸
"GIN CITRUS" 等字样

结合纸张纹理
呈现烫印质感

如果希望制作出独特的烫印效果，
承印物的纹路质感是不容忽视的考虑要点。

选用工艺	烫印技法
烫印	正烫
击凸	立体烫
击凹	

Reticello 葡萄酒

分类：酒类

设计机构：Harcus Design　创意总监：Annette Harcus　设计师：Galya Akhmetzyanova　摄影师：Steven Clarke

"Reticello" 葡萄酒是 Spicers 品牌旗下的 "葡萄酒与美食系列"(Wine & Gourmet Companion) 的产品。"Reticello" 一词起源于意大利语中的 "Reticella",是一种刺绣形式。这种刺绣以织物线构建出一个 "网格" 基础，并在网格上绣制纹样图案。设计团队根据这一灵感，从众多纸品中挑选了一款特殊纸张，这款纸张表面自带规则的菱形网格纹理，设计师根据菱形网格的实际大小、距离与分布方式构建了网格，并在此基础上绘制图案，进行排版。

承印物：
Manter Constellation Jade
Intreccio Ultra – 120ums

承印物特性：
自带菱形压花的白色珠光纸，极具复古权威感，背面自带粘性。

设计师的项目分析：

本项目是 Spicers 品牌旗下 "葡萄酒与美食系列" 的新产品。该系列的瓶身标签均采用网格化设计，品类包括葡萄酒、啤酒、烈酒和食品。除了确保产品符合市场定位，还需要保持相应领域的适应性和独立性。

项目难点：

对烫印线条粗细的把握，项目使用的线条粗细 ≥ 0.28pt。

设计亮点：

首先测算纸张菱形纹理的排列方式与大小间距，再根据测算结果进行设计，最终实现设计图案、文字与纸张纹理的完美融合。将承印物特性与设计紧密结合的思路值得学习。

工艺分解

珠光白纸 → 四色印刷 → 烫印 → 击凸 → 击凹

烫玫瑰金

烫金后击凸
二次成型的立体烫

烫印图形与
纸张的菱形纹路
保持对齐关系

四色印刷暖灰色

标贴上所有
暖灰色区域击凹

分类：酒类　▶ Macabeu 卡瓦 – 起泡酒

印金+烫金
高阶工艺混用技法

如何保持相近色相并做出质感上的差异？
试试将烫印与专色印刷相结合吧！

选用工艺	烫印技法
专色印刷	正烫
烫印	篆铭烫
	多重烫

Macabeu 卡瓦 – 起泡酒

分类：酒类

设计机构：Atipus　创意总监：Eduard Duch　设计师：Javi Suárez

Macabeu 卡瓦 – 起泡酒所采用的葡萄是当地最有代表性的葡萄品种之一，设计师决定使用这种葡萄作为酒瓶包装的主视觉元素。酒瓶标贴上呈现的是一颗"几何化"的，被分解重构的葡萄，其中金色的部分表示葡萄的果肉，设计师运用印刷专色金与烫印金色两种不同的质感做出了葡萄的立体关系，烫黑金的线条代表葡萄分解的状态。酒瓶在配色上采用了黑色与金色两种颜色，这是呈现高级感的经典配色，搭配极具设计感的图形，整体包装呈现出一种极简、高贵的气质。

承印物：
Fedrigoni – Arcovent –
Tintoretto Black Pepper

承印物特性：
这是一款黑色非涂布特种纸，
纸张黑度充足，能很好地衬托金箔的颜色。

设计师的项目分析：

Macabeu 卡瓦 – 起泡酒是葡萄酒品牌 Maria Rigol Ordi 旗下的一款卡瓦酒新产品。这个系列定位于提供独特和创新的产品，由精选的优质葡萄酒混合制成。

项目难点：

篆铭烫与多重烫的套准问题，金箔材料之间的契合度。

设计亮点：

设计师巧妙利用印刷专色金与烫印金色在质感与明度上的差异（印金的质感比烫金更暗，这是因为烫金具有一定的金属光泽感），做出了一个充满立体感的图形。

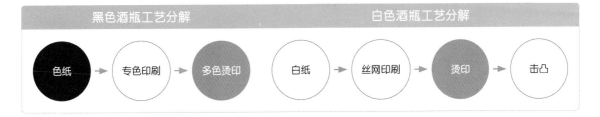

黑色酒瓶工艺分解			白色酒瓶工艺分解			
色纸	专色印刷	多色烫印	白纸	丝网印刷	烫印	击凸

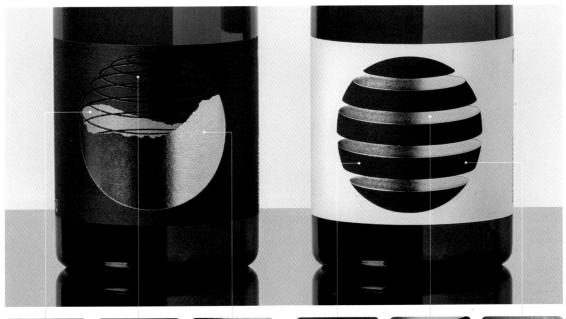

印专色金	烫黑金（篆铭烫）	烫金（篆铭烫）	丝印黑色	烫金（篆铭烫）	黑色部分击凸

多重烫

黑色酒瓶全瓶身的文字均采用烫金工艺

Tips: 在黑色纸上烫黑金或者烫透明 UV 来凸显不同的层次也是常用的方法，值得注意的是，烫黑金在白纸或浅色背景上的视觉效果没有在黑纸上好，略显平实，同时烫黑金也有不同的高亮、哑光质感的金箔可选。

当结合篆铭烫与多重烫工艺时，要在设计上预留相应的容差值，方便烫印时套准；另外像本作品这样高精准高要求的套位，建议设计师到厂监印，以确保最终效果能够符合设计预期。如果采用多重烫叠烫的方式，而所选的两种金箔互斥，则需要在现场更换合适的金箔，做到灵活变通。

用极简线条
创造高级的纯粹感

少即是多，善用留白，
试试将极简美学运用于烫印中吧！

选用工艺	烫印技法
烫印	正烫
模切	

L'Om 葡萄酒

分类：酒类

设计机构：Atipus　创意总监：Eduard Duch　设计师：Mariano Fiore

该项目为 L'Om 葡萄酒的品牌形象及包装再设计。在这个葡萄酒产区里有一棵老榆树，经过岁月的沉淀已经作为该地区的象征。这棵有着不对称建筑般叶子的榆树，为这次包装的重新设计提供了设计灵感。

承印物：
一款自带自然纸纹的非涂布纸张

承印物特性：
自然纸纹带来的温和手感。

设计师的项目分析：

在这次设计中，设计师有意向这棵"地标式"的榆树致敬。

项目难点：

生产时烫印文字与印刷的单黑文字的对齐与套准。

设计亮点：

该项目从一棵具象的老榆树出发，通过对极具构成感的树叶提炼简化，进而转换为纯粹、极简、自然的曲线。在此基础上，设计师选取与老榆树相关的金色与绿色作为主色调，配合具有典雅气质的有衬线字体，富有质感的非涂布纸，最终实现了一个简约、高级、令人印象深刻的葡萄酒包装设计。

工艺分解

白纸 → 单色印刷 → 多色烫印 → 模切

模切

以模切形成的错位为中线，在两侧安排上下错落的线条来模拟树叶的形状

烫金

烫绿金

Tips: 同一设计可以通过更换金箔或纸张的颜色来做同系列产品的区分。

烫金包装与烫绿金包装的线条做了疏密度的区分，在统一的前提下做了适当的变化

如何用烫印为画面
增添点晴之笔？

从产品本身出发，
选择有内涵的烫印图案。

选用工艺	烫印技法
UV	正烫
烫印	
击凹	
专色印刷	

开篇贰零零零

朕的醉爱 - 龙井 2000

分类：茶类

设计机构：7654321 Studio　　设计师：Bosom　　摄影师：Hello 小方

"朕的醉爱"意为"清代乾隆皇帝最爱喝的龙井茶"。包装图案似水又似山，配合西湖第一胜境"三潭印月"，水、山、塔三者相辅相成。包装打破传统印象配色，采用龙井绿和儒家蓝，既体现了龙井的特质——"鲜"，又保留儒家的大气。乾隆喜欢在中意的物件上盖上自己的印章，故主标"朕的醉爱"采用印章形式，字体为玉玺常用的篆书，背面印有"朕的醉爱"满文文字，同时包装侧面圆孔提取自"三潭印月"的代表性元素——圆形塔腹，不仅便于抽拉盒子，也与西湖契合。

注：圆形塔腹用于放置蜡烛，在月明之夜，洞口糊上薄纸，点燃烛光，发光的洞形映入湖面呈现繁多月影，真月和月影交融，十分迷人。

承印物：
蓝碧源 - 新渲染色咭 - 新绿
蓝碧源 - 新渲染色咭 - 新宝蓝

承印物特性：
纸张韧性强、色彩鲜亮，
配色既创新又符合龙井茶的气质。

设计师的项目分析：

绿茶的上市时间集中在初春至清明前后，以清明前的绿茶为上品。龙井茶为浙江省特产，是绿茶中非常经典的茶种，其中以西湖区的龙井最为著名。龙井茶色翠形美、香郁味醇，冠列中国十大名茶之首。清时，乾隆皇帝六下江南，四上龙井，题写六首龙井茶御诗，亲封"十八棵御茶树"，更是将龙井茶上升为至尊地位。

项目难点：

灰色竖线条工艺选择与烫印金箔颜色的敲定。

设计亮点：

与主题相关元素的提取运用，创新的配色，恰到好处的工艺。

色纸　→　烫印　→　UV　　　包装纸　→　专色印刷　→　烫印

烫镭射

圆形塔腹烫镭射

UV

新绿色纸

新宝蓝色纸

Tips: 色纸的底色，加上烫UV 后轻微的色彩加深，再配合烫镭射银，整个画面的配色凸显了丰富的层次。

包装采用抽屉盒，内盒上放置半透明效果的硫酸纸，硫酸纸上的文字与 LOGO 烫银；茶包底色为印刷专色绿，再烫印文字和 LOGO

拍案称奇的
工艺组合

还在单独使用某种工艺?
把几种工艺结合起来,可能会产生意想不到的效果喔!

选用工艺	烫印技法
丝网印刷	正烫
烫印	
UV	

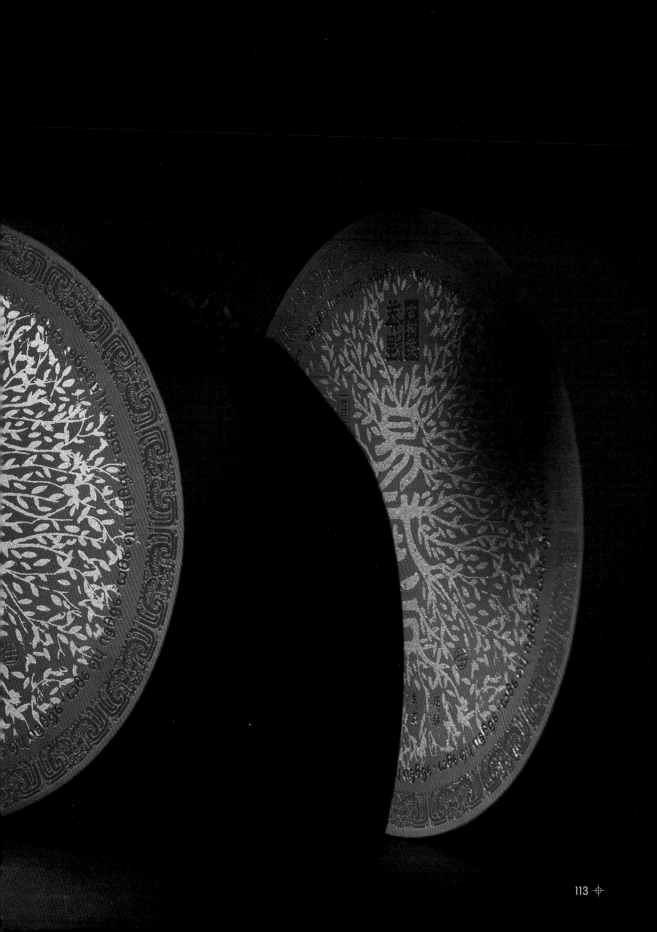

莽野古树茶 - 易武后

分类：茶类

设计机构：7654321 Studio   设计师：Bosom   摄影师：Hello 小方

该项目是莽野古树茶系列的另一款产品——易武后，在维持"莽野古树茶"质朴、野性、原始调性的前提下，从易武茶山本身的气质与特征出发，香扬水柔，厚重香甜，犹如皇后。在视觉主画面上，以古树为茶后的概念，将树干设计为字体，生长出古树茶的枝干与树叶，字体的气质沉淀包容，提取符合其气质的古滇王朝青铜器纹路——孔雀，辅以产品名字的傣文写法。在包装结构上，采用圆形天地盖的开盒方式，选取符合产品气质的细腻质感的红色特种纸，并结合丝网印刷和 UV 工艺。

承印物：
上海美升 - 软本色棉 - 酒红 - 140g
FEDRIGONI - Materica Kraft - 120g

承印物特性：
纸张色彩鲜亮，
表面涂层平滑细腻，适合多种工艺制作。

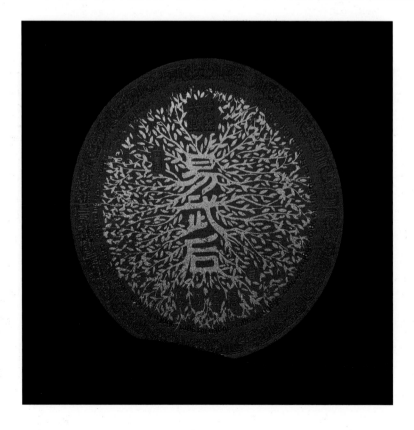

设计师的项目分析：

莽野品牌主打老树普洱的理念，追求原生态与高品质。"莽"的理念是树木自由于野外的生长，尊崇自然的流逝感，古老而野蛮的莽劲。易武茶香扬水柔，厚重香甜，有普洱茶后之称，是专业的茶客们最喜欢作为老茶收藏的产区茶之一。

项目难点：

在维持品牌的质朴、野性，原始调性的前提上，如何体现易武茶山本身的气质。

设计亮点：

红色与金色的色彩搭配赋予产品高档厚重的属性，在哑光的红色特种纸上烫印同色系的红金箔，丰富了包装的质感。

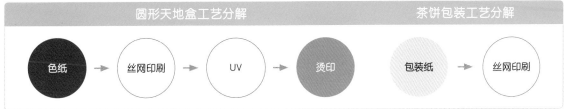

圆形天地盒工艺分解				茶饼包装工艺分解	
色纸 →	丝网印刷 →	UV →	烫印	包装纸 →	丝网印刷

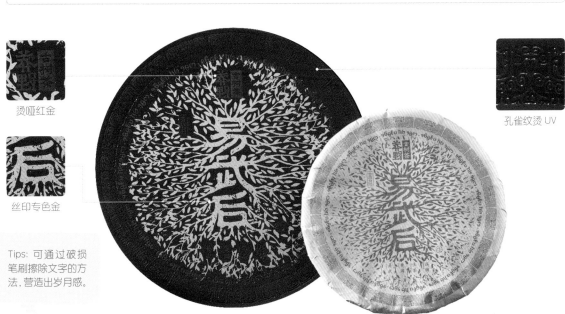

烫哑红金

孔雀纹烫 UV

丝印专色金

Tips: 可通过破损笔刷擦除文字的方法, 营造出岁月感。

丝印香槟金

茶饼放置于圆形天地盒中

贴纸烫哑金

茶饼背面

为同一图案的不同部分
施加不同的工艺

把不同的部分拼接在一起，
实现神奇的统一效果！

选用工艺	烫印技法
专色印刷	正烫
烫印	
击凹	
丝网印刷	

WUYI ROCK TEA

枞宗
木质味老枞
水仙

WOOD MATERIAL TASTE
OLD TREE
NARCISSUS TEA

枞宗 - 木质味老枞水仙

分类：茶类

设计机构：7654321 Studio　　设计师：Bosom　　摄影师：Hello 小方

为木质味老枞、青苔味老枞、粽叶味老枞三款水仙茶设计的系列包装。维持系列感的同时，分别凸显各自的特色。提取老枞水仙的特质，质朴、低调、悠久。选取糙面颗粒感的纸张，抽屉盒的打开方式，外嵌书页，体现翻阅纸质书籍的感受，以颜楷为基础字型。为了凸显三款茶叶各自特色，设计团队去到老枞水仙原产地拍摄树木、青苔、粽叶，运用软件将照片处理为单色点阵效果，最后在包装上做丝网印专色金。同时将所拍摄的照片做单色效果，在外包装的"书页"上做击凹工艺，打造产品特有的触感。

承印物：
Colorplan Racing Green - 135g
Colorplan Bagdad Brown - 250g

承印物特性：
颜色与质感贴近真实的树木，
绝佳展现树木的纹路与质感，打造内敛质朴的气质。

设计师的项目分析：

该产品作为一款高端水仙茶，其受众主要是懂得欣赏茶的高端人士，对于包装有一定的要求。本次包装需要在符合产品内敛、质朴气息的同时，突显其高端的产品定位。所以在材质、开盒方式、色彩搭配与细节等方面，均要认真把握。

项目难点：

在维持系列感的同时，恰当地凸显产品本身的特色。

设计亮点：

设计师通过使用烫金、印金、击凹这三重工艺，并结合特种纸的仿木纹纹理和厚重的色彩搭配，最终呈现出古朴、沉稳的调性，符合项目预期。

工艺分解

色纸 → 专色印刷 → 丝网印刷 → 烫印 → 击凹

击凹

印专色金

Tips: 击凹与印金的
木纹保持连贯，可以
形成视觉上的统一。

丝网印刷褐色

丝网印刷金色

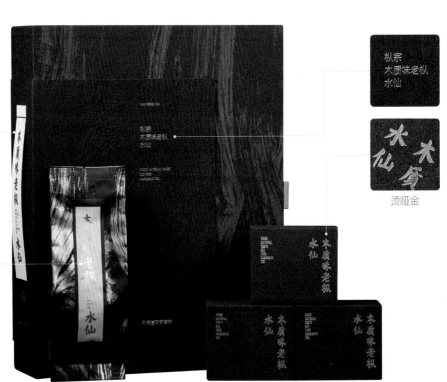

枞枞宗
木质味老枞
水仙

烫哑金

119

烫银工艺的
多重运用

快试试正烫之外的其他烫印技巧，
在银卡纸上烫银也有惊艳的效果哦！

选用工艺	烫印技法
烫印	正烫
UV	反烫
击凹	立体烫
钢刀模切	
专色印刷	

莽野古树茶 - 璞山

分类：茶类

设计机构：7654321 Studio　　设计师：Bosom　　摄影师：Hello 小方

此款包装设计希望呈现出璞玉一样未经雕琢、纯天然的野生状态。包装表面使用了具有少数民族风格的蓝色和银色、少数民族的象形古文字，还有模仿山洞壁画、摩崖石刻的效果。为了让产品表现出"璞玉"的未知感和"赌玉"的刺激感，通过钢刀打虚线的方式，将地图上的茶山领域与山脉纹路刻印在外包装上，让消费者以"撕"的方式打开包装。开盒后，可以看见使用烫印工艺制作的"人采茶"的画面，莽野之中自然未开发的茶山，给予受众原始茶山的体验。纸张选取了绢纹纸作为材料，其色彩和触感也与普洱茶源头之一的少数民族布朗族特色的蓝染麻布相似。

承印物：
Neenah - Classic Linen -
绢纹纸 - 270g

承印物特性：
韧性强度优秀，自带纹理，
纸张的色彩、触感与蓝染麻布相似。

设计师的项目分析：

现代人越来越追求自然原生态的体验，享受更高品质的生活。就像品茶，普洱茶爱好者会考究产地，甚至到云南偏远的寨子寻找野生古茶树。品牌莽野定位为高端普洱，做古树茶。产品名"璞山"，寓意莽野中自然未开发的茶山。"璞"，含玉的石头，也指未经雕琢的玉。

项目难点：

从包装材料、结构、工艺上体现"璞玉"原生自然的产品气质。

设计亮点：

云南少数民族元素的运用，赋予了产品恰当的定位，钢刀模切包装外盒，模拟"赌玉"的撕拉体验。

色纸 → 烫印 → 击凹 → UV → 钢刀模切

击凹

UV

自带纹理的绢纹纸

银卡纸烫哑银

钢刀模切虚线

Tips: 做钢刀模切时, 模切为虚线, 可实现撕拉的效果。

"莽野"为正烫, "古树茶"为反烫

"璞山"产品标识为立体烫

茶叶纸包装上的文字印刷专色银

为清新色调搭配烫印工艺，
为包装增添精致感

过度滥用烫金容易产生俗气感，
工艺的使用要紧密地结合产品特性与气质。

选用工艺	烫印技法
烫印	正烫
	篆铭烫

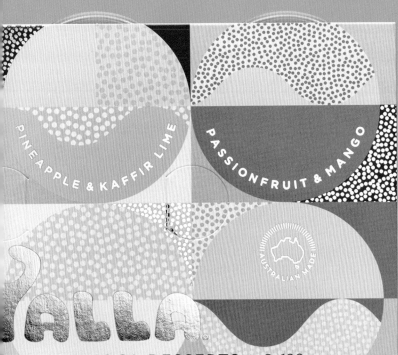

PINEAPPLE & KAFFIR LIME

PASSIONFRUIT & MANGO

AUSTRALIAN MADE

YALLA®

...ONUT TAPIOCA DESSERTS   6x120g

...TAPIOCA
...6x120g

COCONUT TAPIOCA
DESSERTS • 6x120g

VEGAN FRIENDLY • NO PRESERVATIVES • GLUTEN FREE
PASSIONFRUIT & MANGO
COCONUT TAPIOCA
YALLA®   AUSTRALIAN MADE
NOT FOR INDIVIDUAL SALE   120g

Yalla 甜点

分类：食品

设计机构：Harcus Design　创意总监：Annette Harcus　设计师：Galya Akhmetzyanova　摄影师：Steven Clarke

本项目是 Yalla 椰子木薯甜品套装的包装设计，该套装包含 6 杯甜品，3 种不同口味。包装盒上各色的圆形和圆点图案的灵感来自木薯珍珠，配色上选用黄色、橙色、粉色、红色等暖色系营造美味、愉悦的产品属性，并在此基础上再加入偏冷的淡绿色营造出清新、健康的品牌理念。工艺上使用了烫金作为点缀，为小清新的包装增添了精致感与价值感。

承印物：
White Coated Stock – 330g

承印物特性：
一款白色、带轻微自然肌理的纸张，结构强韧，适合作为包装材料运用。

设计师的项目分析：

Yalla 是一家来自澳大利亚的甜品公司，他们所生产的产品不含防腐剂、无麸质，风味十足。所有产品都是小批量供应，以使每种口感都足够特别。

项目难点：

挑选符合产品定位的配色，并结合恰当的印刷工艺。

设计亮点：

烫金除了用于强调重要内容，还常常用于增添精致感。本项目运用烫金工艺，为小清新调性的包装赋予了喜悦、精致的视觉感受。设计师通过正烫强调 LOGO，并运用篆铭烫点缀细节，合理克制的工艺运用与产品调性达到了和谐的平衡。

工艺分解

白色纸 → 四色印刷 → 烫印

此处烫金内容为产品口味，从左到右：
树莓＆玫瑰口味、菠萝＆泰国柠檬口味、百香果＆芒果口味

产地：澳大利亚

6 盒装

LOGO 正烫

圆点篆铭烫

承印物纹理与色彩
带来的奇妙惊喜

承印物的纹理会直接影响烫印的质感，且如所选烫箔为
半透明材质，也会受到纸张颜色的影响哦。

选用工艺	烫印技法
烫印	多重烫

菊糕点品牌及包装设计

分类：食品

设计机构：StudioPros.work　　创意总监：李宜轩　　设计师：李宜轩、何凯翔　　摄影师：徐圣渊

项目的视觉设计以白居易的诗词《咏菊》为灵感："一夜新霜著瓦轻，芭蕉新折败荷倾。耐寒唯有东篱菊，金粟初开晓更清。"品牌 LOGO 出自新锐雕刻家陈姿贝之手，字中蕴含菊花叶开之意象，除了古意，也呼应菊花的形态。品牌标准字以花瓣为主轴，"菊"字的一撇，如同花瓣落下的瞬间，优雅唯美。品牌纹样的设计意在呈现诗中意象：花瓣有白有金，白色如同瓣上有霜，金色则呼应诗中"金粟"般的花蕊。抽象的菊花瓣绽开于画面上，几片花瓣微微洒落，高雅精致。

承印物：

贴纸：绮美纸 – 红、绿、白 – 105g
名片：绮美纸 – 红、绿、白 – 245g

承印物特性：

非涂布特种纸，纸张能呈现良好的"手作感"，在烫印时需要施加较大的压力。

设计师的项目分析：

菊糕点为甜点私厨，专注于制作精致、融合当地食材的东方甜点。客户希望打造一款带有东方风格、高级、优雅的产品，以此呼应品牌精神和甜点特色。

项目难点：

由于烫印时有大片色块也有细致文字，因此文字很容易烫糊。在监印过程中测试了许久才找到两者的平衡。

设计亮点：

粗糙纹理的特种纸赋予了包装独特的质感，而施加压力产生下凹的同时，金箔覆盖的地方变得平滑，半透明的材料发生轻微变色，都为整体包装带来了独特的精细。

色纸 → 多色烫印

烫白,部分金箔如白色
为半透明材料,选择深
色背景时会受到影响,
此处呈现出淡蓝色

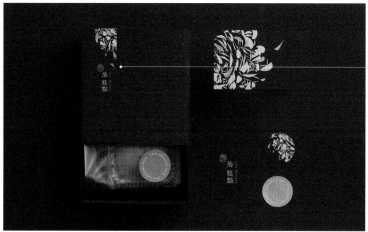

烫金,图案为品牌 LOGO

由于纸张质地粗糙,
烫印时需要施加更大的
压力,因此出现了下凹
的效果,且烫印后金箔
覆盖在纸张表面,使得
纹路变浅,从而形成第
二种"光滑"的质感

共用烫版
降低成本

多一张烫版就多一分成本，试试保持图形不变，
通过更换金箔颜色来制作不同版本吧！

选用工艺	烫印技法
烫印	正烫
凸版印刷	

兰若园 Orchid-Garden

设计师：朱俊达　摄影师：黄诠顺

兰若，原为佛家用语，意为寂静处或修行的地方。设计师以禅意为核心，取"空""静"作关键词，结合民宿运用草植营造宁静空间的做法，将草作为名片的视觉元素。在工艺上，设计师充分考虑了节约成本的方法：将烫印的烫版与凸版印刷的印版共用，利用同一张版，两种截然不同的加工方式，最终制作出了 2 款名片。名片根据客户的不同使用场景选用：放置在民宿供人自由拿取的为全凸版款，全烫金款则为商务开会时与人交换使用。

承印物：
日本竹尾 TAKEO – 羊毛纸 – 220g

承印物特性：
纸张手感丰富温润，带有粗糙的纤维；质地疏松有弹性，且硬挺度极佳；纸张加入25% 羊毛，拥有自然的毛色与特有的纹路。

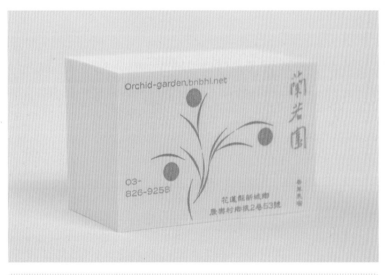

设计师的项目分析：

客户希望来到民宿的旅客都能获得山水的疗愈，感受内心的宁静。因此设计上要求干净简洁，让人放松且带有禅意。

项目难点：

因为纸张加入了真实的羊毛，出现了没预料到的黑毛线段，这是看纸样时没有发现的问题，需要在看成品时挑出次品。共用烫版做凸印版时，也产生了晕墨的情况，且不同油墨晕染程度也不同，需要现场调整。

设计亮点：

共用烫金版与凸印版，呈现两种效果的同时又节省了成本。控制成本的理念、大胆的创新、灵活负责的监印都值得学习。

- 图形演化过程 -

白纸　→　多色烫印　　　　　白纸　→　凸版印刷

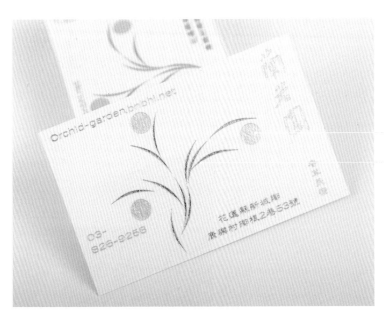

烫银

烫绿金

Tips: 纸张的纹理会忠实地呈现在烫印金箔上, 如果希望烫金时附带纸纹, 则可以挑选纹理丰富的纸张, 但与此同时也可能提高烫印的风险。

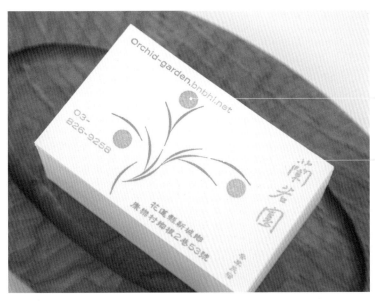

凸版印专色银

凸版印专色绿
由于油墨晕染
线条比烫印的更粗

凸版印刷与常见的平版 (四色) 印刷不同, 每印刷一种颜色就需要制作一张凸印版 (制版费昂贵), 且一次只能印刷一种颜色, 然后再通过逐次套色形成最终的画面。由于版费贵工序多, 因此成本较高。凸版印刷的工作原理与烫印类似 (本项目中也证实了凸印版可与烫金版共用), 通过施压将油墨从凸印版转移到承印物上, 并在印色处留下凹痕, 产生特殊的质感。由于一版只能印刷一个颜色, 为了保证效用最大化, 现在凸版印刷更多选择印刷专色来表达到更加美观的视觉效果。由于色彩鲜艳, 且自带凹纹, 现如今凸版印刷更多被当作一项特殊工艺使用。值得注意的是, 凸版印刷可以印制比平版印刷更厚的纸, 同时也可以印制纸张之外的其他材料

同色系烫印
黑纸烫黑

在非涂黑纸上烫黑，粗糙的纸张与光亮的烫箔形成对比，
在光线反射下产生若隐若现的视觉效果。（该效果可配合 UV 上光）

选用工艺	烫印技法
烫印	多重烫
击凹	篆铭烫

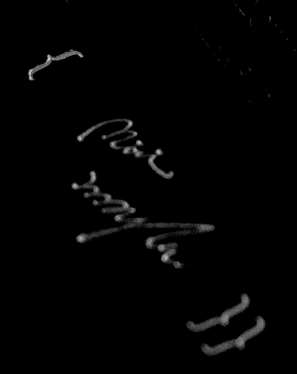

2019

NIGHT IS DARKEST

RE THE DAWN.

SE YOU.

晓·白昼与黑夜 New Year Card

分类：品牌 VI

设计机构：mm design co-op　创意总监：maybe chang　设计师：maybe chang　摄影师：maybe chang

本项目为 mm design co-op 每年的新年贺卡项目，本次的设计主题为白昼与黑夜。设计师采用了白色与黑色来表达这次主题，两款贺卡在设计上保持烫印位置和金箔颜色的统一，仅通过更换底纸来区分不同版本，这样的好处是既节约了烫版费用，又节省了烫印调机的时间。贺卡正面为烫金、烫黑与烫珠光白三种颜色，其中在黑色纸上烫黑，通过光线的折射能够产生有趣的质感；贺卡的背面采用击凹工艺。

承印物：
长莹纸业 - 新百代纸

承印物特性：
非涂布纸，拥有深层纹路，
与烫印工艺配合能凸显出丰富的层次效果。

设计师的项目分析：

mm design co-op 每年的新年祝贺卡片，卡片的设计代表每年的心情与想表现的风格。

项目难点：

烫印过程中，细节套准与压力控制的问题。

设计亮点：

设计师通过更换白、黑两色的底纸，为相同的设计赋予了不同的主题背景：白昼与黑夜。设计师选择烫印金色、黑色、珠光白色，与底纸的结合产生了优秀的化学反应，珠光白与黑色金箔分别在白色、黑色两款纸张上呈现了若隐若现的质感；背面击凹工艺与正面烫印做出了层次的区分。

白 / 黑色纸 → 多色烫印 → 击凹

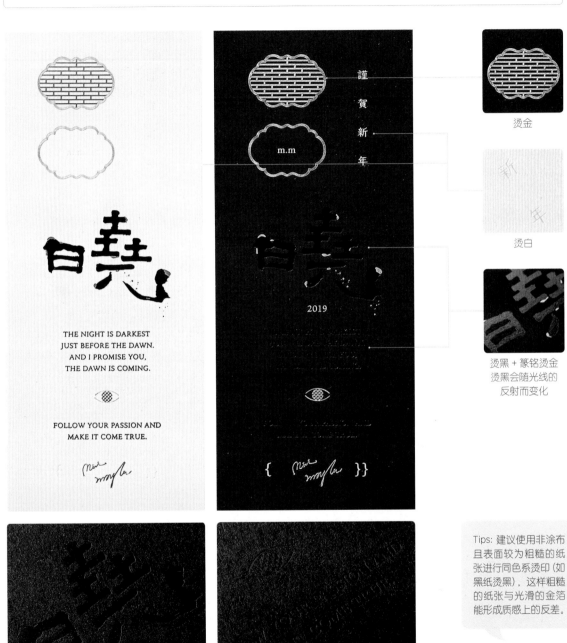

THE NIGHT IS DARKEST
JUST BEFORE THE DAWN.
AND I PROMISE YOU,
THE DAWN IS COMING.

FOLLOW YOUR PASSION AND
MAKE IT COME TRUE.

謹賀新年

m.m

2019

烫金

烫白

烫黑 + 篆铭烫金
烫黑会随光线的
反射而变化

Tips: 建议使用非涂布且表面较为粗糙的纸张进行同色系烫印（如黑纸烫黑），这样粗糙的纸张与光滑的金箔能形成质感上的反差。

卡片背面采用击凹工艺

139

如何运用烫印工艺
烘托产品氛围

烫印除了带来华丽感与精致感，
还能通过色彩搭配烘托出不一样的氛围和感受。

选用工艺	烫印技法
丝网印刷	正烫
烫印	篆铭烫

Kill Devil 餐酒吧

设计机构：Human　　创意总监：Human　　设计师：Human　　摄影师：C129

Kill Devil 餐酒吧项目是对亚洲最大的朗姆酒吧 Rum Bar 的品牌重塑。设计团队开发了一系列图标，用作餐酒吧的图形语言，以及整个室内的霓虹灯布局。经典的现代风格字体与引人入胜的插图相结合，动感十足，专为吸引各个年龄段的消费者而设计。整体设计以黑红色调为主，目的是通过两者碰撞的强烈对比让这个品牌变得更"性感"，为其增添一种"魔鬼"的气质。名片、餐盘运用了烫印与丝网印刷工艺，其中烫印金箔为红色。

承印物：

Matte 300 Mohawk

承印物特性：

纸张厚实，质感强烈。

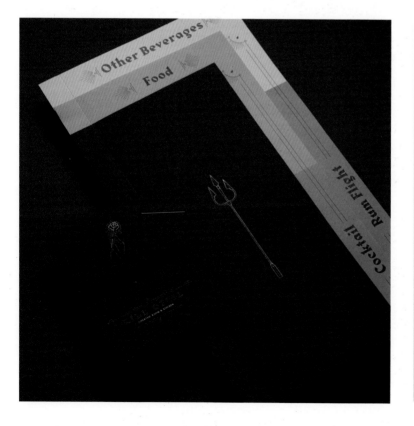

设计师的项目分析：

客户希望将亚洲最大的朗姆酒吧 Rum Bar 进行品牌重塑，变得更为年轻和优雅，但仍忠于品牌的美食传统。

项目难点

系统化图形语言的设计，餐厅整体调性的把握。

设计亮点

红黑作为经典配色确有其成为经典的理由，强烈的色彩配合新奇的图形元素，营造了神秘感十足的品牌气质。丝网印刷与烫印的工艺搭配合理且主次分明。超高克重的纸张无法使用平版印刷机印制，因此使用丝网印刷次要文字，LOGO 与主图形则采用烫红金工艺。

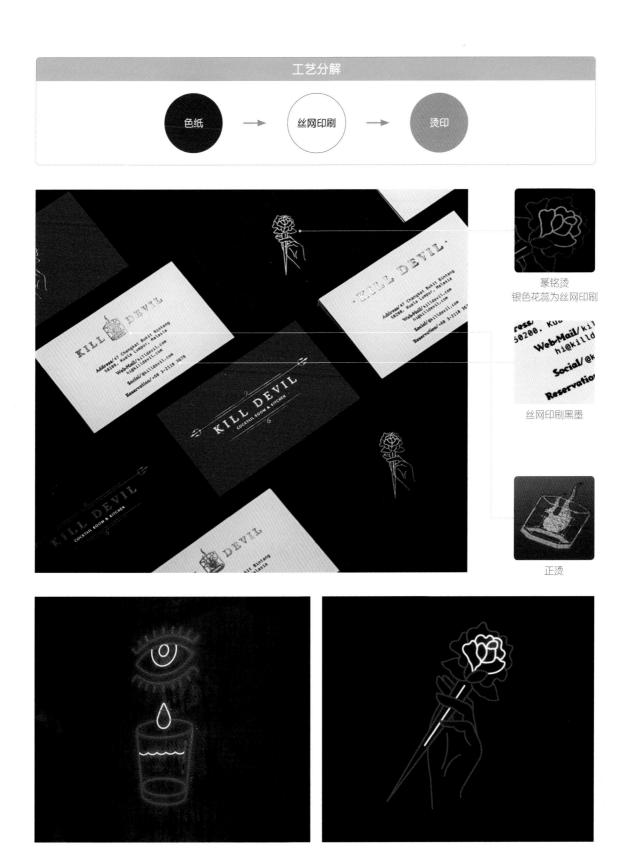

色纸 → 丝网印刷 → 烫印

篆铭烫
银色花蕊为丝网印刷

丝网印刷黑墨

正烫

本项目设计的图形元素被大量运用在餐酒吧的空间与灯光布局中

143

凹凸共存
烫印 + 丝印 UV

丝网印刷可以堆叠油墨产生凸起质感，
配合烫印产生的凹痕让承印物呈现丰富的触感。

选用工艺	烫印技法
丝网印刷	正烫
烫印	

coexist::

Coexist 唱片公司

分类：品牌 VI

设计机构：Human　创意总监：Human　设计师：Human　摄影师：C129

Coexist 是一家位于沙特阿拉伯的唱片公司，客户希望通过设计传达品牌的核心价值：高品质与专业精神。从客户需求出发，设计师选用了轮廓鲜明且富有力量感的无衬线字体作为 LOGO，其中品牌名"Coexist"结尾的字母"t"的右上角加入了盲文"∶·"，作为一家唱片公司，设计师希望不单纯依赖视觉记忆的方式去呈现品牌。除此之外，设计师还为项目设计了一套图标系统，意在通过这组变化的图形赋予品牌生命力和活力。

承印物：
Mohawk 300

承印物特性：
纸张厚实，质感强烈。

设计师的项目分析：

Coexist 是沙特电子音乐界的传奇人物 Omar Basaad 成立的唱片公司和创意咨询公司，位于沙特阿拉伯吉达。

项目难点：

如何将设计与工艺结合，呈现出品牌的价值理念。

设计亮点：

设计师通过图标系统的构建与印刷工艺的配合精准传达了品牌形象：LOGO 选用无衬线字体表达专业精神，并融入盲文强化了"声音"属性。烫铜金增加了厚重感，在黑色纸上，丝网印刷 UV 增加了光亮的层次，丝网印刷产生的油墨厚度也提供了凸起的触感。

黑色纸 → 丝网 UV → 烫印

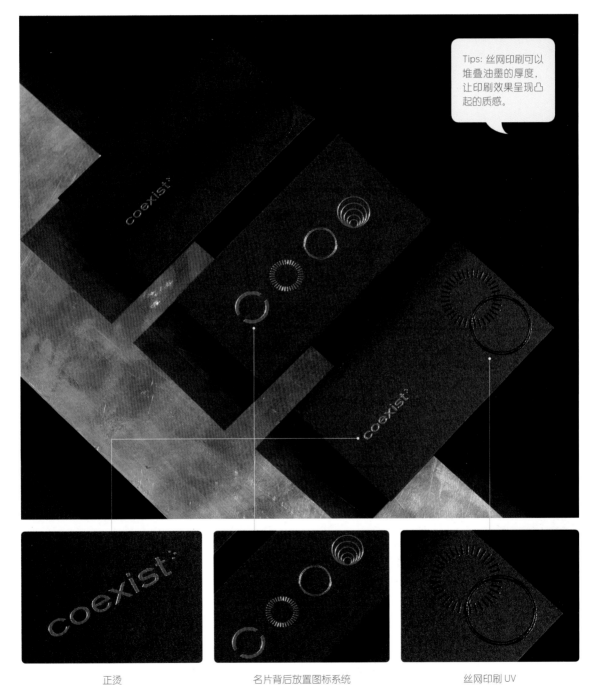

Tips: 丝网印刷可以堆叠油墨的厚度，让印刷效果呈现凸起的质感。

coexist

正烫　　　　　　　　　　名片背后放置图标系统　　　　　　　　　丝网印刷 UV

运用反烫
勾勒图形剪影

反烫就是设计学中的正负形原理，
通过深色背景的衬托，可以制作有趣的视觉图形。

选用工艺	烫印技法
烫印	反烫
	多重烫

IN TOWN

WE REVIEW THE

The la

Facebook:

Inst

The Bootleggers List 品牌形象

分类：品牌 VI

设计机构：StudioPros.work　创意总监：李宜轩　设计师：李宜轩、何凯翔　摄影师：徐圣渊

The Bootleggers List 是一家酒品鉴定的媒体机构。本项目整体以神秘、高级、经典作为主调，以一位做安静手势的男子作为品牌的 LOGO，暗示"我们制作的是私家机密，请勿宣扬"。设计以高级、经典为风格导向，主视觉利用线条的分割及排列营造出细致的画面，线条的元素延伸至相关的设计：如网站、宣传手册等，让整体更有一致性。品牌色彩选用沉稳、经典的深蓝色为主色调，金色作为点缀。在印刷品上，蓝黑色彩规划让风格更加高雅精致，传达出高端、专业的品牌意象。

承印物：

琦美纸 ftc 2418

承印物特性：

非涂布黑色特种纸，
纸张表面粗糙质感厚重，适合表达此类主题。

设计师的项目分析：

The Bootleggers List 是由一群专业、秘密的酒品鉴定人员组成的媒体机构。品牌方希望突出神秘、高级、经典的品牌调性。

项目难点：

由于主视觉以线条构成，因此在烫印时要非常小心谨慎，如果压力不够平均，线条容易斑驳不清。

设计亮点：

设计团队通过绘制精细的烫印图形，呈现了一个经典、高级的品牌形象。

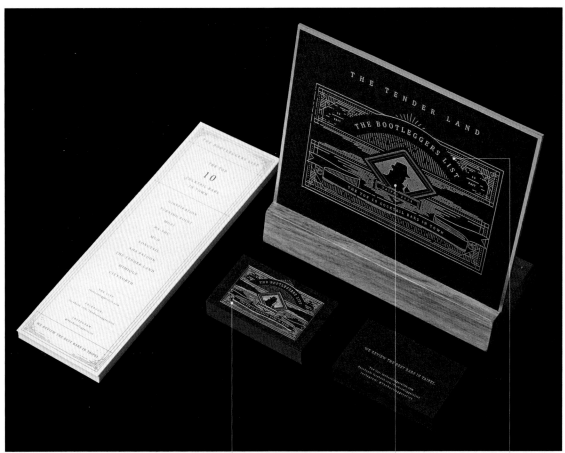

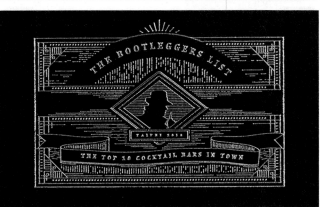

名片采用多重烫，金箔为金色和银色

运用反烫技法，
通过深色底纸衬托出
人物剪影

图形线条不能过细，
必须出高精度铜版烫印，
烫印时要保持压力平均

同版不同纸
温压均不同

尽管使用同一套烫版进行烫印，
也会因纸张与金箔不同而需要及时调整温度与压力。

选用工艺	烫印技法
凸版印刷	正烫
烫印	
模切	

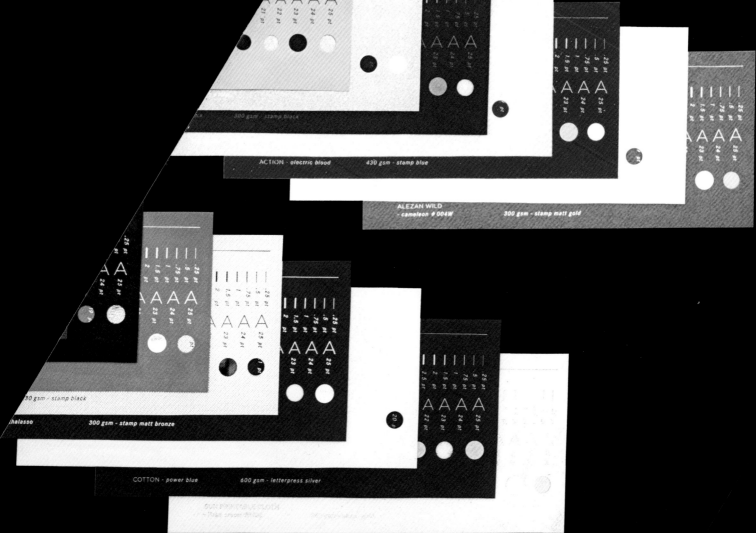

设计师之间的语言 – 花纹纸业纸样

分类：其他

设计机构：studiowmw　　创意总监：王文汇　　设计师：王文汇

本项目是花纹纸业高级包装纸品的推广设计。设计师认为：常规印刷不足以体现该系列纸张的定位与优点，同时希望赋予纸样新的功能，让设计师作为长期使用的工具，进而达到推广产品的目的。设计师通过烫金、凸版印刷、模切三种工艺，将纸样设计成一套能同时查看字体大小、线条粗细与在不同纸张上观看烫金效果的实用工具；同时，通过多种加工工艺的呈现，凸显了纸张作为包装用纸时的可塑性，反映了产品的高级定位。

承印物：
花纹纸业多款纸张

承印物特性：
质感、纹理突出，
结构强韧，能承受多种工艺制作。

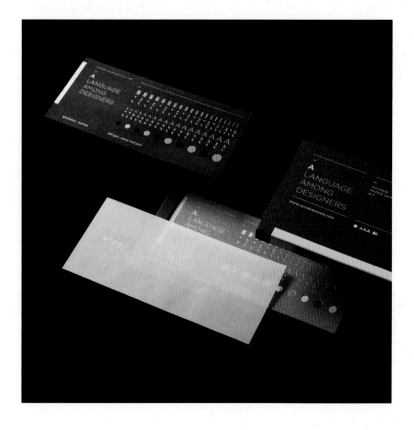

设计师的项目分析：

花纹纸业有一批特种纸需要推广，我们希望借由纸张设计出一款设计师能长期使用的工具，进而帮助客户推广产品。

项目难点：

特种纸烫印效果的预判，使用哪种金箔搭配相应纸张。

设计亮点：

这是一套制作精美、功能实用的特种纸纸样。设计师从自身作为设计从业者的角度出发，思考产品的定位，最终在精准表达产品特性的同时，还赋予了常规纸样所不具备的实用功能。在不同特种纸上施加多种工艺，对设计师、纸张、合作印厂都有着较高的专业要求。

色纸 → 凸版印刷 → 多色烫印

烫哑金

左侧烫金色圆形，
右侧模切圆孔，
露出底下橙色纸

凸版印黑，呈轻
微下凹

项目使用纸张：Relex – thalasso – 300gsm / Treasury – essence – 310gsm / Aleman wild – cameleon#004w – 300gsm / Galaxy – platinum – 270gsm / Luxe skin – beige triumph #251 / Sun printing cloth #9402 – 240gsm / Brilliance 791 – essence – 130gsm / Savanna – bubinga – 300gsm / Lyne fur – moka / Luxeskin #258

同色系烫印
白纸烫白 +UV 上光

在非涂白纸上烫白，粗糙的纸张与光亮的烫箔形成对比，
在光线反射下产生若隐若现的视觉效果。（该效果可配合 UV 上光）

选用工艺	烫印技法
丝网印刷	正烫
专色印刷	
击凹	
烫印	
UV 上光	

宇宙中的纸与印刷 纸样

分类：其他

设计机构：mm design co-op　创意总监：maybe chang　设计师：maybe chang　摄影师：maybe chang

封面刻意留白（封面底纸的中心击凹一个空白矩形）营造出"白中白"的层次感，代表设计师所理解的"宇宙"，再在击凹处裱上本次纸样宣传的主角"亚曼卡涂布纸"。设计师将其比作猎户座（人们最熟知的星座之一），意在衬托出它是"宇宙中最闪耀的星座"。全册共七页（猎户座由 7 颗明亮的大星组成），以偏冷的单色调为主，整体风格简约、节奏宽松。设计师通过不同的印刷形式来呈现纸张的特性。版面的静动结合、留白布局也是本次设计理念的呈现要点。

承印物：

东玖纸业 - 亚曼卡

承印物特性：

本款纸张为微涂纸，油墨的显色与附着度都较为优秀。

设计师的项目分析：

为东玖纸业举办的"KAMI! 纸上太空展"纸品发表会设计的"宇宙中的纸与印刷"纸样。

项目难点：

从项目理念到视觉、装帧、工艺层面的转化。

设计亮点：

设计师将项目主题进行抽象转化，通过运用大量的留白、极简的淡色调、层叠的装帧、恰当的工艺，呈现了一个极具个性的"宇宙"。在这个项目中，我们看到了开启项目前，理解项目、解读项目的重要性，同时，保持视觉设计、纸张用材、装帧结构、印刷工艺的一体性也格外重要。

工艺分解

白色纸 → 丝网印刷 → 多色烫印 → UV 上光

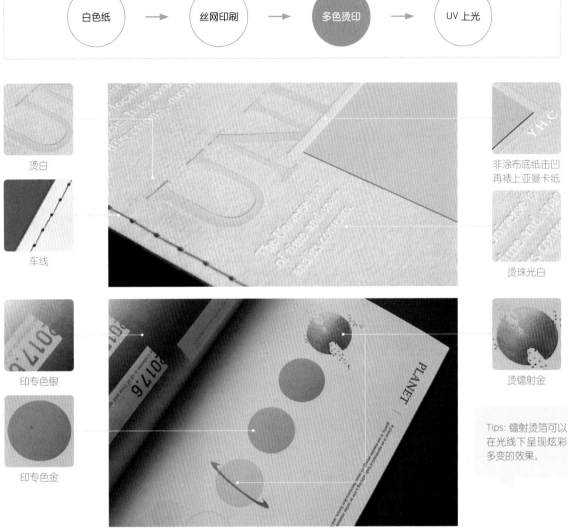

烫白

车线

印专色银

印专色金

丝网印黑色

文字烫 UV

非涂布底纸击凹
再裱上亚曼卡纸

烫珠光白

烫镭射金

Tips: 镭射烫箔可以
在光线下呈现炫彩
多变的效果。

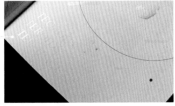

四色印刷

选用高亮金箔
增强金属质感

烫印金箔的选择是一门大学问，
拿不定主意的时候不妨打样看看！

选用工艺	烫印技法
专色印刷	正烫
烫印	

ACCÈS
DE TRI

A

PROGRAMA D

PREMI
PACO

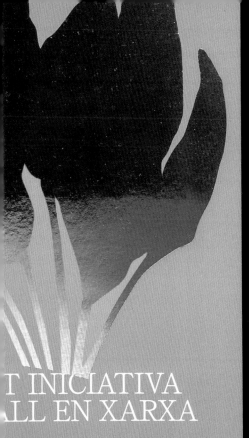

T INICIATIVA
LL EN XARXA

Entitat
AMENT DE REUS

Projecte
TIÓ ALIMENTÀRIA DE REUS

TEJEDO FERNÁNDEZ
or General de Mercabarna

MILLOR INICIATIVA DEL SECTOR DE LA PRODUCCIÓ

Empresa
KOPGAVÀ SERVICE TRADE

Projecte
**MILLORA DEL PROCÉS
D'ENVASAT DE VERDURES**

JOSEP TEJEDO FERNÁNDEZ
Director General de Mercabarna

mercabarna

PREMIS MERCABARNA
PACO MUÑOZ 2019

MERCABARNA
MUÑOZ 2019

MILLOR INICIATIVA
D'EMPRESA MAJORISTA

Mercabarna's Paco Muñoz awards 奖项

设计机构：Atipus　创意总监：Mariano Fiore　设计师：Lorena Manhães

本项目是为环保奖项 Mercabarna 所做的一系列设计，设立这个奖项旨在减少食物浪费。根据当地的调查与研究，人们所生产的食物中，有 1/3 是被浪费的。设计师基于这一点，将画面主视觉的图形都隐去 1/3，用简洁明了的图形配合宣传的主题，清晰明确地传达了诉求，提醒人们浪费食物的严重性。在工艺上，设计师运用了烫金表达食物的珍贵，并配合不同色相的色纸进行搭配，整体鲜艳醒目。

承印物：
白色非涂布特种纸

承印物特性：
表面平滑自带纸纹，
能较好地附着油墨与还原颜色。

设计师的项目分析：

如何从杜绝浪费粮食的角度，清晰醒目同时又保持美感地体现这一主题。

项目难点：

大面积实底烫印对金箔材料与承印物的考验。

设计亮点：

鲜艳明快的色彩，加上简洁有趣、让人产生联想的图形，再配合亮金强烈的金属质感，极具视觉冲击力。

文字设置为反
白，露出纸色

专色印刷

烫亮金

Tips: 亮金比哑金拥
有更强的金属光泽
感，因此也更容易受
到其他颜色的影响。
在深色背景烫印亮
金（包括亮红金等）
时，需要留意金箔最
终的呈现效果。

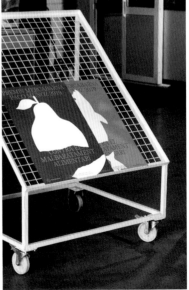

海报与折页均采用双专色印刷：专色金 + 专色紫

双面烫印：注意压力与承印物的拿捏

如希望采用双面烫印工艺，需要选择克重较高的纸张，并反复测试双面的压力，做到两面无压痕。

选用工艺	烫印技法
烫印	正烫
镭射切割	

When the Jade Emperor found out about this, he asked Han Xiangzi, one of the Eight Immortals, to go down to the human world to deal with the toad.

Han Xiangzi played his flute to lure out the demon toad, and after a fierce battle, he removed one of the toad's legs to prevent it from causing any further trouble.

BELIEVING IS POWER

招财揪吉包装设计

分类：**其他**

设计机构：StudioPros.work　创意总监：李宜轩　设计师：李宜轩、何凯翔　摄影师：徐圣渊

包装设计以角色"揪吉"咬着"圆形钱币"为设计主轴，并将"圆"贯穿于整体设计：从外包装的生命之花图案，到钱币包装说明上的烫金大圆，再到竹盒上的镭射切割圆，除了呼应钱币，也包含圆满之意。本次所有中文都是竖排版，设计结合了古书"界行"的概念，文字都加上框状的设计，呈现出特殊的视觉风格。盒装共有大小两种尺寸，每一种尺寸各有三色，为金、银、玫瑰金，分别对应着揪吉的三款色彩。

承印物：
黑卡 - 480g

承印物特性：
480g 的克重保证了包装的牢固程度，
且由于高克重无法上机印刷，正好适合用烫印呈现。

设计师的项目分析：

招财揪吉为团队设计的角色，有开运的意象，作为年节赠礼，目标受众为收入较丰厚的商务人士或店家，除了可提升空间氛围，也有招财之意。

项目难点：

由于内部说明书为双面烫印，在制作时要不断测试压力，才能达到既均匀又不会于另一面透出压痕的效果。

设计亮点：

项目以"圆"作为设计元素，并将其延展至包装的方方面面。说明书在工艺上采用了双面烫印技法，这对于纸张品质、技术人员的能力及设计师现场监印的能力均有较高的要求。

工艺分解

色纸 → 多色烫印

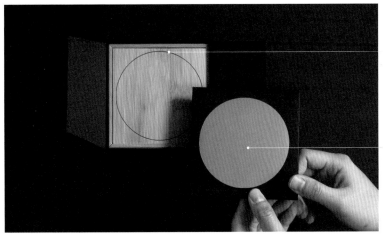

镭射切割

大面积实底烫金
对材料要求较高

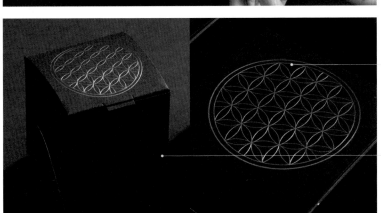

外盒烫印生命之花

线条取自揪吉身上
不同角度的曲线

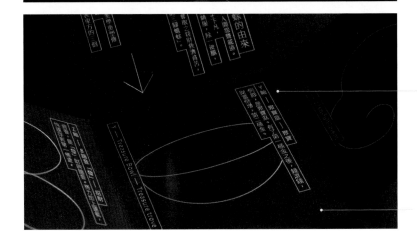

"界行"设计

说明书上下两翼为产品说明，左中右
表示揪吉 XYZ 三个不同维度的设计核
心，且说明书也作为金属圆盘的包装

致 谢

该书得以顺利出版，全靠所有参与本书制作的设计公司与设计师的支持与配合。gaatii 光体由衷地感谢各位，并希望日后能有更多机会合作。

gaatii 光体诚意欢迎投稿。如果您有兴趣参与图书出版，请把您的作品或者网页发送到邮箱：
chaijingjun@gaatii.com

其他下载方式

百度云盘	阿里云盘
提取码：viml	提取码：qjl9

公众号

回复"烫印"，自动获取下载链接
如链接失效，请留言联系客服，谢谢！